bsv Mathematik Buch 10

Ausgabe G

Geometrie

von
Ortwin Czepiczka
Martin Strobel
Udo Suckardt
Peter Wohlfarth

unter Mitarbeit von
Gerhard Klein
Hans Schmitt
Erhard Uwira

Bayerischer Schulbuch-Verlag · München

Inhalt

---

[1] Es soll eines der beiden mit [] gekennzeichneten Kapitel behandelt werden.

[2] Alternativ zu dieser Lerneinheit können Kurse „Informatik" oder „Sphärische Geometrie I" gehalten werden.

16. LERNEINHEIT: TRIGONOMETRISCHE GRUNDBEGRIFFE

Sinus und Kosinus im rechtwinkligen Dreieck

1. Ähnliche rechtwinklige Dreiecke

Die Dreiecke AB_1C_1, AB_2C_2, ... stimmen in den Winkeln überein und sind deshalb ähnlich.
Entsprechende Dreiecksseiten stehen also im selben Verhältnis, z. B.:

$$\frac{a_1}{c_1} = \frac{a_2}{c_2} = \ldots \quad \text{oder} \quad \frac{b_1}{c_1} = \frac{b_2}{c_2} = \ldots$$

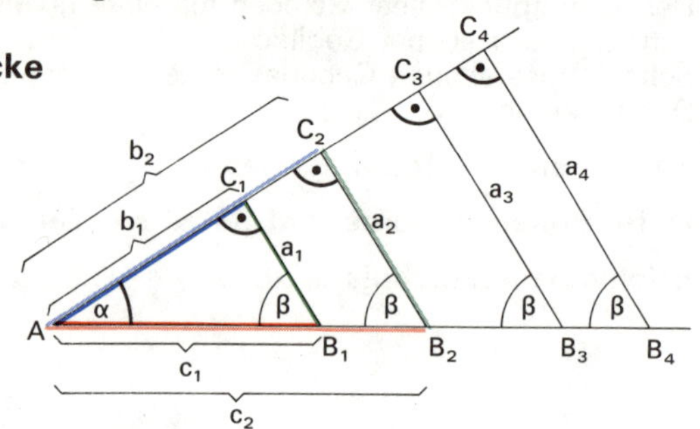

Die gezeichneten Dreiecke sind rechtwinklig ($\gamma = 90°$). Die Katheten $a_1, a_2, a_3, \ldots$ liegen dem Winkel α gegenüber und heißen deshalb *Gegenkatheten von α*, die Katheten $b_1, b_2, b_3, \ldots$ nennt man entsprechend *Ankatheten von α*. Die dem rechten Winkel gegenüberliegenden Seiten, hier also $c_1, c_2, c_3, \ldots$, sind die *Hypotenusen*.

2. Definition von Sinus und Kosinus

Da durch das Verhältnis zweier Seiten die „Form" des rechtwinkligen Dreiecks festgelegt ist (Ähnlichkeit), ist damit auch der Winkel α eindeutig bestimmt;
Umgekehrt hängt das Verhältnis zweier Seiten im rechtwinkligen Dreieck eindeutig von der Größe des Winkels α ab:
Im rechtwinkligen Dreieck ist die Zuordnung zwischen der Größe des Winkels α und dem Verhältnis von zwei (festgelegten) Seiten *umkehrbar eindeutig*.

Man definiert allgemein:

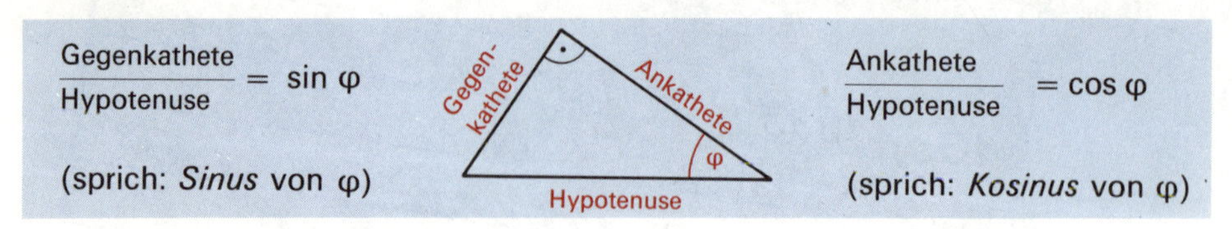

$$\frac{\text{Gegenkathete}}{\text{Hypotenuse}} = \sin\varphi$$

(sprich: *Sinus* von φ)

$$\frac{\text{Ankathete}}{\text{Hypotenuse}} = \cos\varphi$$

(sprich: *Kosinus* von φ)

In den oben gezeichneten Dreiecken gilt also:

$$\sin\alpha = \frac{a_1}{c_1} = \frac{a_2}{c_2} = \ldots \qquad \cos\alpha = \frac{b_1}{c_1} = \frac{b_2}{c_2} = \ldots$$

und entsprechend

$$\sin\beta = \frac{b_1}{c_1} = \frac{b_2}{c_2} = \ldots \qquad \cos\beta = \frac{a_1}{c_1} = \frac{a_2}{c_2} = \ldots$$

Beispiele:[1]

1. $a = 21$ mm
   $b = 35$ mm
   $c = 28$ mm
   ($\beta = 90°$)

$\frac{a}{b} = \frac{21\text{ mm}}{35\text{ mm}} = 0{,}6$ oder $\frac{c}{b} = \frac{28\text{ mm}}{35\text{ mm}} = 0{,}8$

$\Rightarrow \sin\alpha = 0{,}6 \qquad \Rightarrow \cos\alpha = 0{,}8$

$\Rightarrow \underline{\underline{\alpha = 36{,}9°}} \qquad \Rightarrow \underline{\underline{\alpha = 36{,}9°}}$

2. $c = 5{,}00\text{ cm}$
   $\beta = 30°$
   $\gamma = 90°$

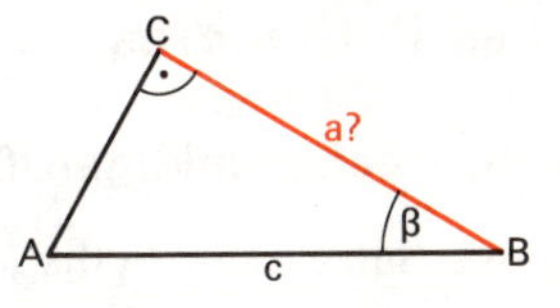

$\frac{a}{c} = \cos\beta \Rightarrow a = c \cdot \cos\beta$

$a = 5\text{ cm} \cdot \cos 30°$

$\underline{\underline{a = 4{,}33\text{ cm}}}$

Beachte: Sinus- und Kosinuswerte sind als Quotienten von Streckenlängen unbenannte Zahlen.

---

1. a) Zeichne ein rechtwinkliges Dreieck mit $\gamma = 90°$ und $\alpha = 10°$ (20°, 30°, ..., 80°). Miß alle Seitenlängen und berechne die Quotienten $\frac{a}{c}$ und $\frac{b}{c}$ (Tabelle)! Vergleiche mit deinem Nachbarn!
   b) Welche Sinus- bzw. Kosinuswerte wird man den Winkeln 0° und 90° zuordnen?
   c) Stelle eine „Je-desto"-Beziehung zwischen α und $\sin\alpha$ und auch zwischen α und $\cos\alpha$ auf, wenn α von 0° bis 90° zunimmt! Liegt eine Proportionalität vor?
   d) In welchem Intervall liegt $\sin\alpha$ bzw. $\cos\alpha$ für $\alpha \in [0°; 90°]$?

2. a) Wiederhole die vier Sätze über Ähnlichkeitsmerkmale! (Zwei Dreiecke sind bereits ähnlich, wenn ...)
   b) Wie vereinfachen sich die Ähnlichkeitsmerkmale bei rechtwinkligen Dreiecken?

3. Bestimme anhand einer sauberen Zeichnung jeweils die Sinus- und Kosinuswerte folgender Winkel! Überprüfe mit dem Taschenrechner[1]!
   a) 30°; 37°; 68°; 75°; 89°; 90°
   °b) 15°; 45°; 60°; 1°; 0°

4. Bestimme jeweils zeichnerisch den entsprechenden Winkel! Überprüfe mit dem Taschenrechner („Invers-Taste")[1]!
   a) $\sin\alpha = \frac{3}{4}$ ($\frac{1}{5}$; 0,3; $\frac{2}{7}$; 1,2)
   b) $\cos\alpha = \frac{3}{4}$ ($\frac{1}{5}$; 0,3; $\frac{2}{7}$; 1,2)
   °c) $\sin\alpha = \frac{2}{3}$ ($\frac{1}{4}$; 0,4; $\frac{7}{13}$; 0,9)
   °d) $\cos\alpha = \frac{2}{3}$ ($\frac{1}{4}$; 0,4; $\frac{7}{13}$; 0,9)

5. Mit Sinus- und Kosinuswerten kann man fehlende Seiten in rechtwinkligen Dreiecken berechnen. Es sei $\gamma = 90°$. Bestimme die sin- bzw. cos-Werte mit dem Taschenrechner.[1]
~~Überprüfe deine Ergebnisse mit einer Zeichnung!~~

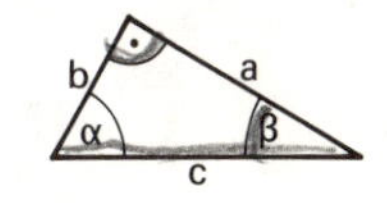

	a)	b)	c)	d)	e)	°f)	°g)	°h)	°i)	°k)
a	?	?	6,3 m	?	?	30,9 m	?	?	?	?
b	?	7,8 m	?	4,2 m	?	?	46,8 m	?	19,8 m	?
c	5 m	?	?	?	0,45 m	?	?	53,8 m	?	9 cm
α	?	60°	?	30°	?	36°	?	27°	?	?
β	40°	?	80°	?	68°	?	71°	?	48°	33°

6. a) Zeige: In jedem Dreieck mit $\gamma = 90°$ gilt $\sin\alpha = \cos\beta$ und $\cos\alpha = \sin\beta$!
   b) Drücke in den beiden Gleichungen β auch durch α aus!

---

[1] Achte darauf, daß der Rechner auf die Winkeleinheit „DEG" (für *degree*, Grad) eingestellt ist! Zur Umkehrung der Berechnung (Winkel aus Sinus- bzw. Kosinuswert) beachte die Bedienungsanleitung!

Sinus und Kosinus und der Satz des Pythagoras

1. Sinus und Kosinus im gleichschenklig-rechtwinkligen Dreieck

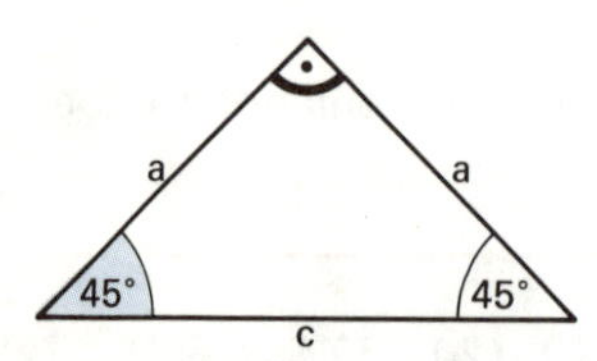

Aufgrund des Satzes von Pythagoras gilt:

$$c^2 = a^2 + a^2 = 2a^2 \Rightarrow c = a \cdot \sqrt{2}, \quad \text{also:}$$

$$\left.\begin{array}{l} \sin 45° = \frac{a}{c} \\ \cos 45° = \frac{a}{c} \end{array}\right\} = \frac{a}{a \cdot \sqrt{2}} = \frac{1}{\sqrt{2}} = \frac{1}{2}\sqrt{2}$$

2. Sinus und Kosinus im halben gleichseitigen Dreieck

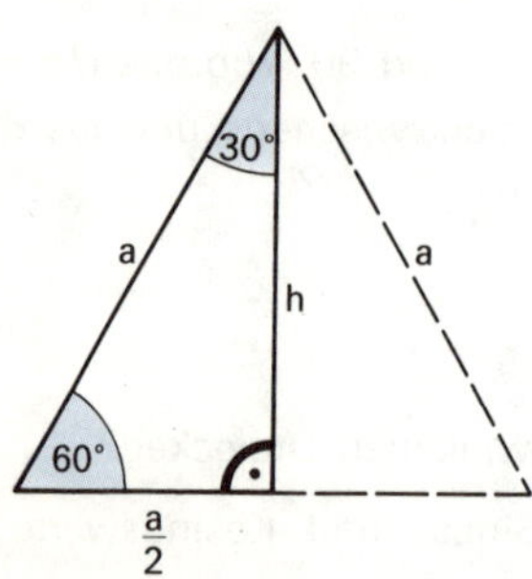

Aufgrund des Satzes von Pythagoras gilt:

$$a^2 = h^2 + \left(\frac{a}{2}\right)^2 \quad \Rightarrow \quad h = a^2 - \frac{a^2}{4}$$

$$\Rightarrow \quad h^2 = \frac{3}{4}a^2 \quad \Rightarrow \quad h = \frac{a}{2}\sqrt{3}, \quad \text{also:}$$

$$\sin 60° = \frac{h}{a} = \frac{\frac{a}{2}\sqrt{3}}{a} = \frac{1}{2}\sqrt{3}; \qquad \cos 60° = \frac{\frac{a}{2}}{a} = \frac{1}{2}$$

Entsprechend erhält man: $\sin 30° = \frac{1}{2}$ und $\cos 30° = \frac{1}{2}\sqrt{3}$

Mit den Vereinbarungen $\sin 0° = 0$, $\sin 90° = 1$ und $\cos 0° = 1$, $\cos 90° = 0$ ergibt sich die

Zusammenfassung:

α	0°	30°	45°	60°	90°
$\sin\alpha$	0	$\frac{1}{2}$	$\frac{1}{2}\sqrt{2}$	$\frac{1}{2}\sqrt{3}$	1
$\cos\alpha$	1	$\frac{1}{2}\sqrt{3}$	$\frac{1}{2}\sqrt{2}$	$\frac{1}{2}$	0

3. Der „trigonometrische Pythagoras"

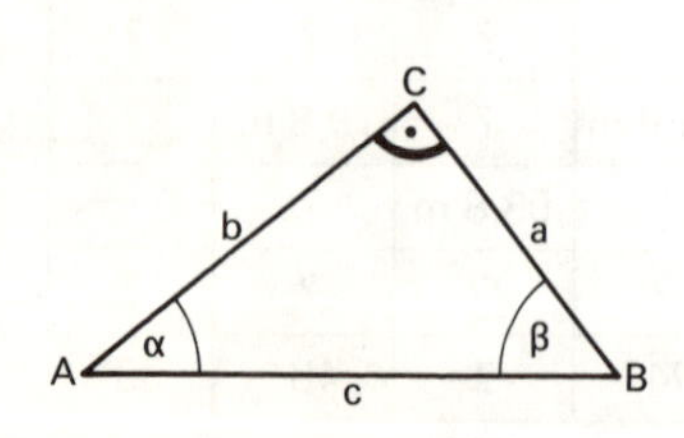

$$\sin\alpha = \frac{a}{c} \quad \Rightarrow \quad a = c \cdot \sin\alpha \qquad \text{(I)}$$

$$\cos\alpha = \frac{b}{c} \quad \Rightarrow \quad b = c \cdot \cos\alpha \qquad \text{(II)}$$

Pythagoras: $a^2 + b^2 = c^2$ (III)

I und II in III: $(c \cdot \sin\alpha)^2 + (c \cdot \cos\alpha)^2 = c^2$

$$c^2 \cdot [(\sin\alpha)^2 + (\cos\alpha)^2] = c^2 \quad |:c^2$$

$$\sin^2\alpha + \cos^2\alpha = 1$$

(Statt $(\sin\alpha)^2$ schreibt man kurz: $\sin^2\alpha$)

1. Gegeben ist ein gleichseitiges Dreieck mit der Seitenlänge $s = 5$ cm.
   a) Berechne seine Höhe h exakt (ohne Taschenrechner)!
   b) Bestimme aus h und s die exakten Werte von $\sin 30°$ und $\cos 30°$![1]

°2. Gegeben ist ein Quadrat mit der Seitenlänge $s = 5$ cm.
   a) Berechne seine Diagonale d exakt (ohne Taschenrechner)!
   b) Bestimme aus d und s die exakten Werte von $\sin 45°$ und $\cos 45°$!

3. Stelle $\sin\alpha$ für $\alpha = 0°$ (30°; 45°; 60° 90°) in der Form $\sin\alpha = \frac{1}{2}\sqrt{n}$ dar!

4. Beweise: In jedem Dreieck mit $\gamma = 90°$ gilt:
   $$\sin^2\alpha + \cos^2\alpha = 1 \quad \text{sowie} \quad \sin^2\beta + \cos^2\beta = 1$$
   Hinweis: Setze für $\sin\alpha$ und $\cos\alpha$ ($\sin\beta$ und $\cos\beta$) die entsprechenden Seitenverhältnisse!

5. Berechne jeweils $\cos\alpha$, ohne α selbst zu bestimmen (ohne Taschenrechner)!
   a) $\sin\alpha = \frac{3}{5}$ °b) $\sin\alpha = \frac{12}{13}$ c) $\sin\alpha = \frac{1}{3}$ °d) $\sin\alpha = \frac{1}{4}\sqrt{5}$

6. Berechne jeweils $\sin\alpha$, ohne α selbst zu bestimmen (ohne Taschenrechner)!
   a) $\cos\alpha = \frac{1}{3}\sqrt{2}$ °b) $\cos\alpha = \frac{4}{5}$ c) $\cos\alpha = \frac{5}{13}$ °d) $\cos\alpha = \frac{1}{8}\sqrt{8}$

7. Berechne die fehlenden Größen folgender rechtwinkliger Dreiecke ($\gamma = 90°$)! Verwende, falls nötig, den Taschenrechner!

	a)	b)	c)	d)	e)	f)	°g)	°h)	°i)
a	3 cm	?	?	13,7 cm	36,4 m	?	?	2,7 cm	8,2 cm
b	?	7,9 m	6,5 m	?	?	19,7 m	4,9 cm	?	?
α	30°	44°	?	16°	?	?	?	?	30°
β	?	?	48°	?	79°	39°	7°	17°	?
c	?	?	?	?	?	?	?	?	?

8. Eine Leiter lehnt in einer Höhe von 3,75 m unter dem Winkel $\alpha = 37°$ an einem Haus.
   a) Wie lang ist die Leiter?
   °b) In welcher Höhe würde diese Leiter bei einem Winkel $\alpha = 30°$ (25°; 20°; 15°) an einem Haus lehnen?

9. Eine Artistengruppe, die mit dem Motorrad auf einem gespannten Seil Kunststücke vorführt, reist durchs Land. Als besondere Attraktion soll in einer Kleinstadt der 60 m hohe Kirchturm per Motorrad bezwungen werden. Die maximale Steigfähigkeit des Spezialfahrzeugs beträgt 40°.
   a) Reicht das Seil der Truppe mit einer Länge von 94 m?
   °b) Welche Seillängen braucht man mindestens bei Steigungswinkeln von 35° und von 30°?

---

[1] „Exakt" bedeutet: Irrationale Werte sollen mit Hilfe von Wurzeln aus rationalen Zahlen angegeben werden, z. B.: $a = \frac{1}{2}\sqrt{5}$ statt $a = 1{,}11803\ldots$

Der Tangens

1. Der Tangens im rechtwinkligen Dreieck

Auch das Verhältnis „Gegenkathete zu Ankathete“ hängt in einem rechtwinkligen Dreieck nur vom betreffenden Winkel φ ab. Man definiert:

$$\frac{\text{Gegenkathete}}{\text{Ankathete}} = \tan \varphi$$ (sprich: *Tangens* von φ)

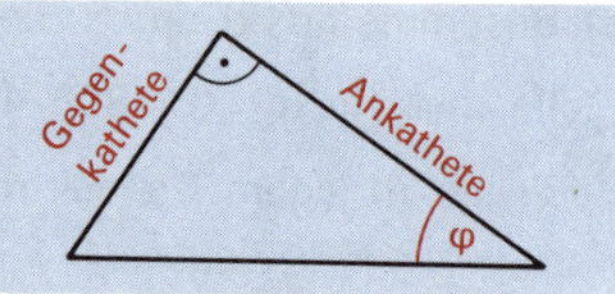

2. Zusammenhang zwischen Sinus und Kosinus und dem Tangens

$\sin\alpha = \frac{a}{c} \quad \Rightarrow \quad a = c \cdot \sin\alpha$ (Gegenkathete)

$\cos a = \frac{b}{c} \quad \Rightarrow \quad b = c \cdot \cos\alpha$ (Ankathete)

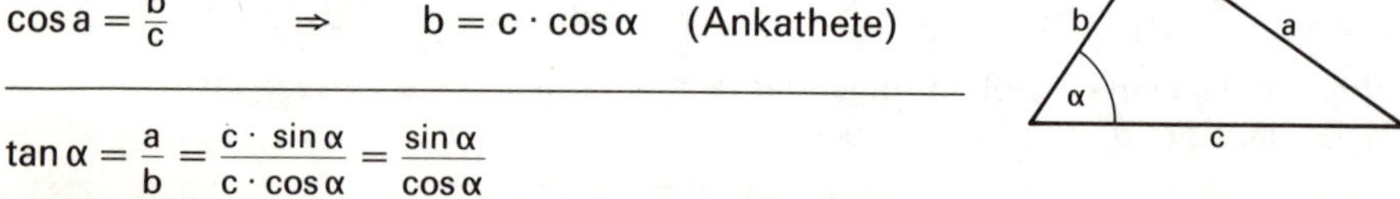

$$\tan\alpha = \frac{a}{b} = \frac{c \cdot \sin\alpha}{c \cdot \cos\alpha} = \frac{\sin\alpha}{\cos\alpha}$$

Der Tangens eines Winkels stimmt mit dem Quotient aus Sinus und Kosinus dieses Winkels überein: $\tan\alpha = \frac{\sin\alpha}{\cos\alpha}$

3. Der Tangens spezieller Winkel

α	0°	30°	45°	60°	90°
sin α	0	$\frac{1}{2}$	$\frac{1}{2}\sqrt{2}$	$\frac{1}{2}\sqrt{3}$	1
cos α	1	$\frac{1}{2}\sqrt{3}$	$\frac{1}{2}\sqrt{2}$	$\frac{1}{2}$	0
tan α	0	$\frac{1}{3}\sqrt{3}$	1	$\sqrt{3}$	nicht definiert

4. Die Steigung

Wir haben bereits früher die Steigung als den Quotienten aus senkrechter und waagerechter Kathete eines Steigungsdreiecks kennengelernt. Es gilt also:

Die Steigung einer Straße ist gleich dem Tangens des Steigungswinkels α.

Beispiel: 24% Steigung bedeutet: $\tan\alpha = 0{,}24$
Mit dem Taschenrechner erhalten wir den Neigungswinkel $\alpha \approx 13{,}5°$.

1. Zeichne bei einem beliebigen Winkel $\alpha < 90°$ von verschiedenen Punkten auf dem einen Schenkel Lote auf den anderen Schenkel. Miß bei den so entstandenen Dreiecken jeweils die Katheten und berechne den Quotienten aus Gegenkathete und Ankathete!

2. Zeige, daß in jedem Dreieck mit $\gamma = 90°$ gilt: $\frac{\sin\alpha}{\cos\alpha} = \frac{a}{b}$ und $\frac{\sin\beta}{\cos\beta} = \frac{b}{a}$

3. a) Bestimme die exakten Tangenswerte von 30°; 45°; 60° mit Hilfe geeigneter rechtwinkliger Dreiecke unter Verwendung des pythagoräischen Lehrsatzes!
   b) Welchen Tangenswert wird man vernünftigerweise dem Winkel 0° zuordnen? Warum läßt sich für den Winkel 90° kein Tangenswert angeben?
   c) Stelle eine „Je-desto"-Beziehung zwischen α und $\tan\alpha$ auf, wenn α von 0° bis 90° zunimmt! Liegt eine Proportionalität vor?
   d) In welchem Intervall liegt $\tan\alpha$ für $\alpha \in [0°; 90°[$?

4. Berechne jeweils $\tan\alpha$, ohne α selbst zu bestimmen (ohne Taschenrechner)!
   a) $\sin\alpha = \frac{4}{5}$; °b) $\cos\alpha = \frac{3}{5}$; c) $\sin\alpha = 0{,}7$ °d) $\cos\alpha = \frac{1}{3}\sqrt{3}$

5. Beweise durch Umformen:
   a) $\sin\alpha = \frac{\tan\alpha}{\sqrt{1+\tan^2\alpha}}$ °b) $\cos\alpha = \frac{1}{\sqrt{1+\tan^2\alpha}}$

6. Ein Baum von 30 m Höhe wirft auf den waagrechten Boden einen Schatten von 40 m Länge. Wie „hoch" steht die Sonne?

°7. Wie lang ist der Schatten, den ein 20 m hoher Fahnenmast wirft, wenn die Sonne 50° über dem Horizont steht? (Skizze!)

8. Vom Ort Trafoi, der 1542 m hoch gelegen ist, führt eine Serpentinenstrecke auf das 2757 m hohe Stilfser Joch. Auf einer Landkarte im Maßstab 1 : 25000 erscheint die Serpentinenstrecke in 58 cm Länge.
   Welche durchschnittliche Steigung (in Prozent) hat die Strecke, und welchem Neigungswinkel entspricht dies?

Paßstraße zum Stilfser Joch

°9. Ein vollbeladener Geländewagen kann höchstens eine Steigung mit einem Neigungswinkel von 35° bewältigen. Das steilste Stück eines Weges zu einer Berghütte überwindet auf 50 m Weglänge 25 m Höhenunterschied.
   a) Wieviel Prozent beträgt die Steigung dieses steilsten Wegstückes?
   b) Kann der Geländewagen diese Steigung bewältigen?

10. Zwei Kletterer prahlen mit ihrer Leistung.
   Kletterer Anderl: „Ich habe eine Wand mit 100% Steigung geschafft."
   Kletterer Reinhold: „Meine Wand hatte eine Steigung von 1000%."

Vermischte Aufgaben

Beispiel 1: *Von einem gleichschenkligen Dreieck ist die Höhe $h = 3{,}00$ m und der Winkel an der Spitze $\gamma = 52{,}0°$ gegeben. Wie lang sind die Seiten, und wie groß ist der Flächeninhalt?*

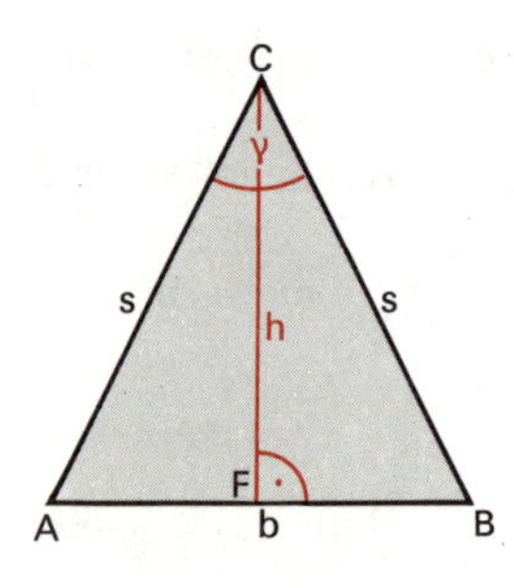

Die Höhe h halbiert den Winkel γ und die Basis b.
Im Dreieck FBC gilt:

$$\tan\frac{\gamma}{2} = \frac{\frac{1}{2}b}{h} \Rightarrow b = 2h \cdot \tan\frac{\gamma}{2}$$

$$= 2 \cdot 3\,\text{m} \cdot \tan 26° \approx \underline{\underline{2{,}93\,\text{m}}}$$

$$\cos\frac{\gamma}{2} = \frac{h}{s} \Rightarrow s = \frac{h}{\cos\frac{\gamma}{2}} = \frac{3\,\text{m}}{\cos 26°} \approx \underline{\underline{3{,}34\,\text{m}}}$$

$$A = \tfrac{1}{2} \cdot b \cdot h = \tfrac{1}{2} \cdot (2 \cdot 3\,\text{m} \cdot \tan 26°) \cdot 3\,\text{m} \approx \underline{\underline{4{,}39\,\text{m}^2}}$$

Beispiel 2: *Auf einer schiefen Ebene von 25,0° Neigung liegt eine Last von 1000 N. Wie groß sind Hangabtriebskraft und Normalkraft?*

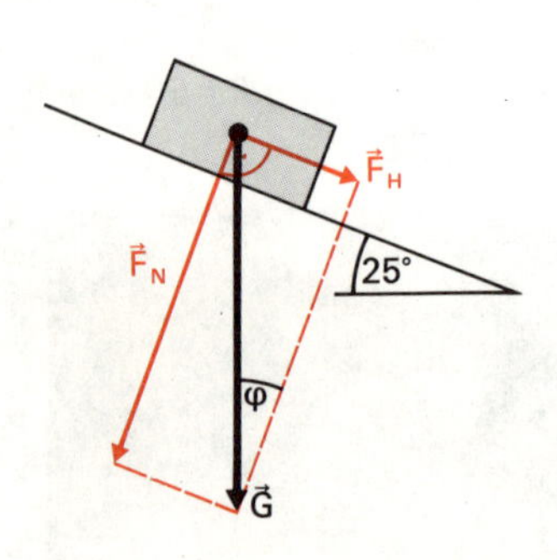

Die Gewichtskraft $\vec{G}$ wird in die beiden zueinander senkrechten Teilkräfte $\vec{F}_H$ und $\vec{F}_N$ zerlegt:
$\vec{G} = \vec{F}_H + \vec{F}_N$

Dabei gilt: $\varphi = 25°$ (paarweise zueinander senkrechte Schenkel)

Für die Beträge der Kräfte gilt:

a) $\sin\varphi = \frac{F_H}{G} \Rightarrow F_H = G \cdot \sin\varphi$
$= 1000\,\text{N} \cdot \sin 25° \approx \underline{\underline{423\,\text{N}}}$

b) $\cos\varphi = \frac{F_N}{G} \Rightarrow F_N = G \cdot \cos\varphi$
$= 1000\,\text{N} \cdot \cos 25° \approx \underline{\underline{906\,\text{N}}}$

Beispiel 3: *Ein Quader ABCDEFGH hat die Länge $l = 4{,}0$ cm, die Breite $b = 2{,}0$ cm und die Höhe $h = 3{,}0$ cm. Unter welchem Winkel φ ist die Raumdiagonale [BH] gegen die Grundfläche geneigt?*

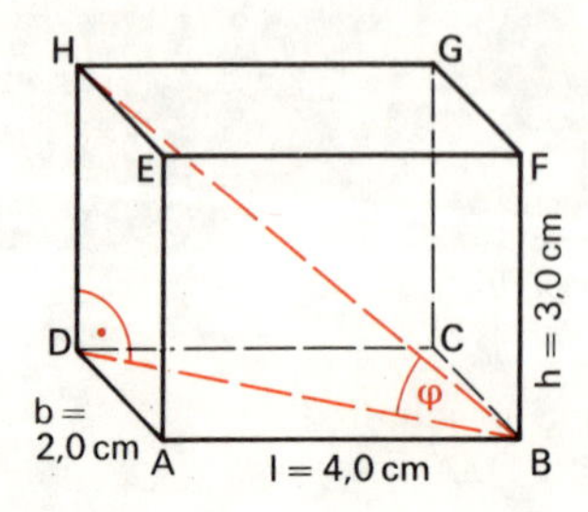

Der Winkel φ ist der Winkel zwischen der Raumdiagonalen und ihrer senkrechten Projektion [BD] auf die Grundfläche.
Im rechtwinkligen Dreieck DBH gilt:

$$\tan\varphi = \frac{\overline{HD}}{\overline{BD}} = \frac{h}{\sqrt{l^2 + b^2}} = \frac{3\,\text{cm}}{\sqrt{16 + 4}\,\text{cm}} = \frac{3}{\sqrt{20}}$$

$$\Rightarrow \underline{\underline{\varphi \approx 33{,}9°}}$$

1. In einem gleichschenkligen Dreieck sei b die Basis, s ein Schenkel, γ der Winkel an der Spitze und α ein Basiswinkel. Bestimme jeweils die fehlenden Stücke!

   a) $b = 12$ dm; $s = 20$ dm c) $b = 10$ m; $\alpha = 40°$ °e) $s = 105$ cm; $\alpha = 73°$

   b) $b = 18$ m; $\gamma = 145°$ °d) $s = 17$ cm; $\gamma = 40°$ °f) $h = 7$ cm; $s = 8$ cm

2. Bei einem 38°-Dach haben die Dachsparren die Länge $l = 3{,}45$ m; sie ragen 30 cm über die Geschoßdecke hinaus.

   a) Wie groß ist h? b) Wie breit ist das Haus?

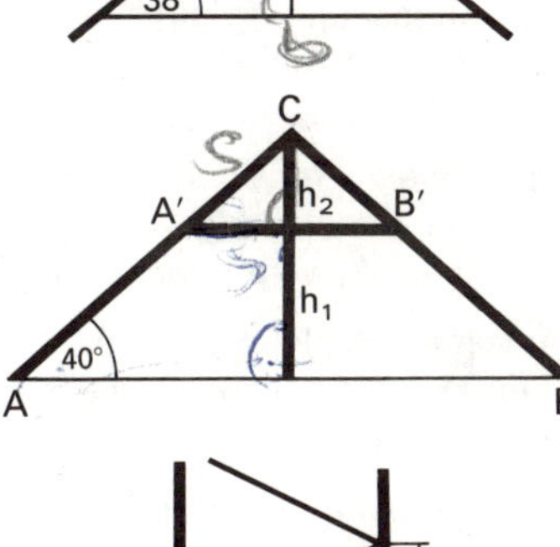

°3. Ein „einfach stehendes 40°-Kehlbalkendach" (siehe Skizze) hat folgende Maße:

   $h_1 = 2{,}50$ m und $h_2 = 1{,}80$ m

   a) Wie lang ist der Sparren AC?

   b) Wie groß ist die Strecke AB?

   c) Welche Länge hat der Kehlbalken A'B'?

4. Die nebenstehende Skizze zeigt den Aufbau eines Gittermastes mit der Breite $a = 2$ m.

   a) Berechne die Länge l der Querstreben sowie ihren Abstand b!

   b) Wähle einen geeigneten Maßstab und bestimme l und b auch mit einer geometrischen Konstruktion!

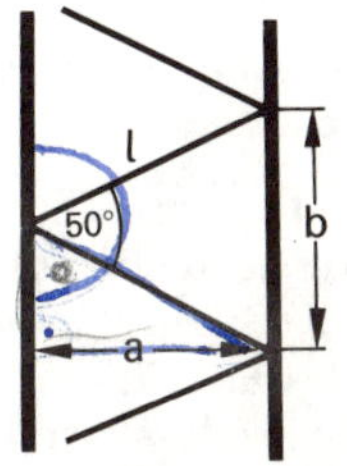

5. a) Die mittlere Entfernung Erde–Mond beträgt 383 300 km. Der Sichtwinkel α ist ungefähr 0,52°. Welchen Radius hat der Mond?

   b) Die Entfernung der Sonne zur Erde beträgt rund 8 Lichtminuten, ihr Durchmesser rund $1{,}4 \cdot 10^6$ km. Wie groß ist der Sichtwinkel? Vergleiche mit a)!

   Bei welcher Gelegenheit kann das Ergebnis von b) bestätigt werden?

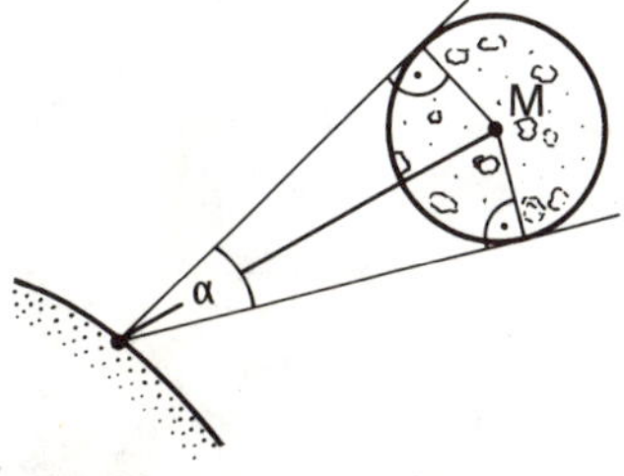

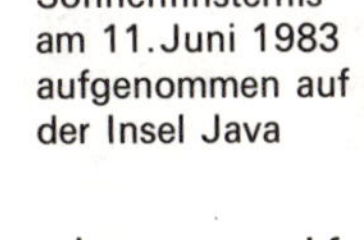

Sonnenfinsternis am 11. Juni 1983 aufgenommen auf der Insel Java

6. Von den Winkeln α und β sowie den Strecken a, e und f einer Raute sind jeweils gegeben:

   a) $a = 30$ cm; $\alpha = 50°$

   b) $e = 10$ cm; $f = 15$ cm

   Bestimme die übrigen Stücke der Raute!

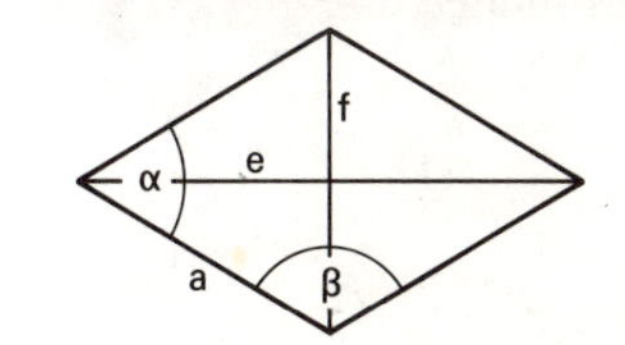

7. Wie lang sind die fehlenden Seiten und Winkel eines Dreiecks mit $\gamma = 90°$, wenn folgende Stücke gegeben sind:
   a) $w_\alpha = 8{,}0$ cm, $\alpha = 50°$
   b) $h_c = 7{,}0$ cm; $w_\gamma = 9{,}0$ cm
   °c) $b = 12$ cm; $w_\alpha = 15$ cm
   °d) $\beta = 72°$; $w_\beta = 72{,}0$ cm?

°8. Wie lang sind die Winkelhalbierenden der spitzen Winkel eines rechtwinkligen Dreiecks, wenn die Katheten 2,00 m und 3,00 m lang sind?

9. Ein 100 m breiter Fluß hat eine Strömungsgeschwindigkeit von 0,8 m/s. Quer zur Strömungsrichtung stürzt sich ein Schwimmer in die Fluten, um das andere Ufer zu erreichen. In ruhigem Wasser kann er 100 m in 1:30 Minuten zurücklegen.
   a) Wie groß ist seine Geschwindigkeit über Grund, und wie groß ist sein Abdriftwinkel?
   b) In welchem Winkel müßte er gegen die Strömung schwimmen, damit er das gegenüberliegende Ufer auf gleicher Höhe erreicht? (Skizze!)
   Wie groß wäre dabei seine Geschwindigkeit über Grund?

10. Auf einer schiefen Ebene von 15° Neigung steht ein Wagen. Es ist eine Haltekraft von 250 N erforderlich, damit er nicht abrollt. Die Reibung sei vernachlässigbar klein. Wie schwer ist der Wagen?

°11. Ein Eisenbahnwaggon wiegt 200 kN, übt senkrecht auf die Schienen jedoch nur eine Kraft von 195 kN aus. Wie groß ist das Gefälle der Schienen und die Hangabtriebskraft?

12. Trifft ein Lichtstrahl schräg auf eine ebene Glasfläche, so wird er gebrochen. Der Holländer Snellius entdeckte folgende Gesetzmäßigkeit: Der Quotient aus dem Sinus des Einfallswinkels ϵ und dem Sinus des Brechungswinkels ϵ' ist konstant. Man nennt ihn die Brechzahl n. Beim Übergang Luft–Glas gilt $n_{LG} = 1{,}5$; beim Übergang Glas–Luft ist $n_{GL} = \frac{2}{3}$.
   a) Berechne den Brechungswinkel ϵ' für $\epsilon = 30°$ (40°, 50°, 0°, 90°)!
   b) Ab welchem Winkel wird ein aus dem Glas kommender Lichtstrahl an der Grenzfläche Glas–Luft total reflektiert?

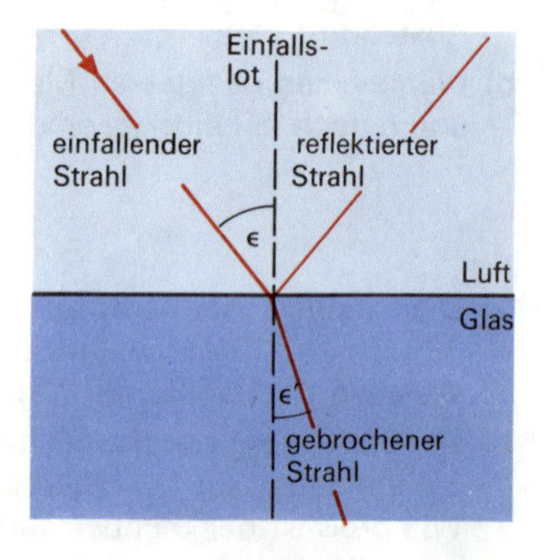

13. Ein Lichtstrahl fällt unter dem Winkel $\epsilon = 50°$ auf eine planparallele, 1 cm dicke Glasplatte. Er wird beim Ein- und Austritt jeweils gebrochen. (Siehe Skizze!)
   Um welchen Abstand x wird der austretende Strahl gegenüber dem eintretenden Strahl versetzt?

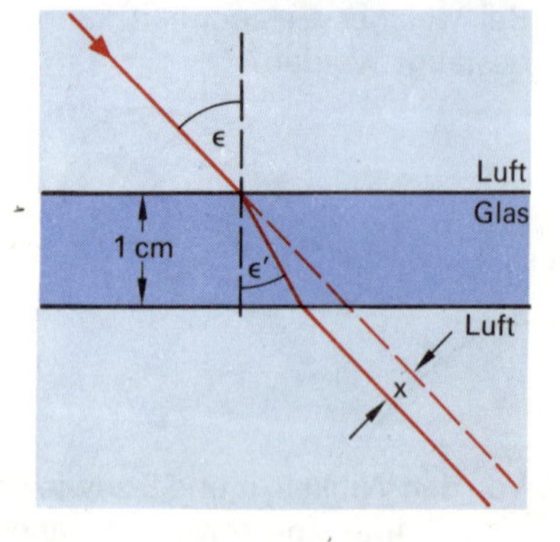

°14. Die Abfahrt zu einer Kellergarage soll eine Neigung von 15° erhalten. Der Garagenboden liegt 2,0 m unter dem Niveau der Straße. Wie lang wird die Rampe im Grundriß? Auf welcher Länge ist ein Asphaltbelag aufzubringen?

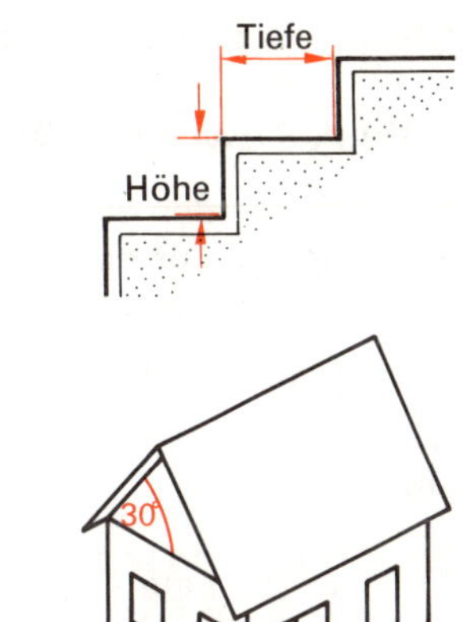

°15. Die Stufen einer Treppe sind 15 cm hoch und 28 cm tief. In welchem Winkel steigt die Treppe an?

°16. Eine Gartentreppe soll mit 20° ansteigen. Es soll ein Höhenunterschied von 1 m mit 7 Stufen überbrückt werden.
Wie tief werden die Stufen?

°17. Die Deutsche Bundesbahn verwendet auf ihren Strecken Steigungen von nicht mehr als 0,715° (auf Nebenstrecken: 2,3°). Gib diese Steigungen in % bzw. ‰ an! Welche Höhe wird auf einer Strecke von 1 km gewonnen?

°18. Ein Haus von 9,80 m Länge und 9 m Breite soll ein Satteldach von 30° Neigung erhalten. Das Dach soll an den Giebelseiten 30 cm, an den Längsseiten 50 cm überstehen. Wieviel Quadratmeter sind zu decken?

19. Die Turmspitze eines Wasserschlosses wird gegenüber der Horizontalen unter einem Winkel von 20° gesehen. Die Augenhöhe des Betrachters beträgt 1,50 m. Geht er 30 m näher auf den Turm zu, so erscheint die Turmspitze unter einem Winkel von 40°. Wie hoch ist der Turm?

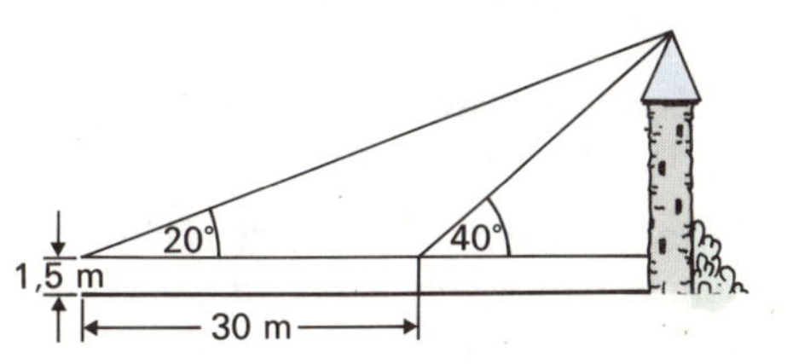

20. Eine gerade Pyramide hat eine rechteckige Grundfläche (l = 8,00 m; b = 5,00 m). Die Seitenfläche durch b ist gegen die Grundfläche unter einem Winkel von 52° geneigt. Berechne
a) das Volumen,
b) die Oberfläche,
c) den Winkel zwischen Seitenkante und Grundfläche,
[]d) den Winkel zwischen der Seitenfläche durch l und der Grundfläche!

°21. Die Cheopspyramide in Ägypten ist eine gerade Pyramide mit nahezu quadratischer Grundfläche. Die Grundkante betrug ursprünglich 233 m und die Höhe 147 m. Berechne
a) das Volumen,
b) die Oberfläche,
c) den Neigungswinkel einer Seitenkante gegen die Grundfläche,
d) ~~den Neigungswinkel einer Seitenfläche gegen die Grundfläche!~~

22. ~~Unter welchem Winkel schneiden sich die Seitenflächen eines regulären Tetraeders?~~

23. In einem Dreieck sind die Seiten b = 6 cm und c = 8 cm sowie der von diesen Seiten eingeschlossene Winkel α = 50° gegeben. Berechne (in dieser Reihenfolge) die Höhe h_c, den Abstand des Höhenfußpunktes H von A und von B, die restlichen Winkel und die Seite a!

°24. In einem Dreieck sind gegeben: b = 6 cm, c = 8 cm und γ = 50°. Bestimme die übrigen Winkel und die Länge der Seite a! (Hinweis: Benutze als Zwischenwert die Höhe h_a!)

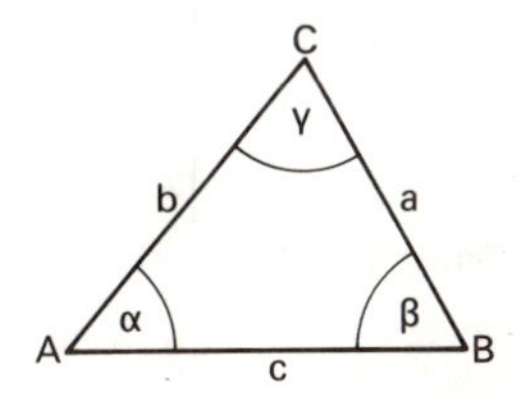

Sinus und Kosinus am Einheitskreis

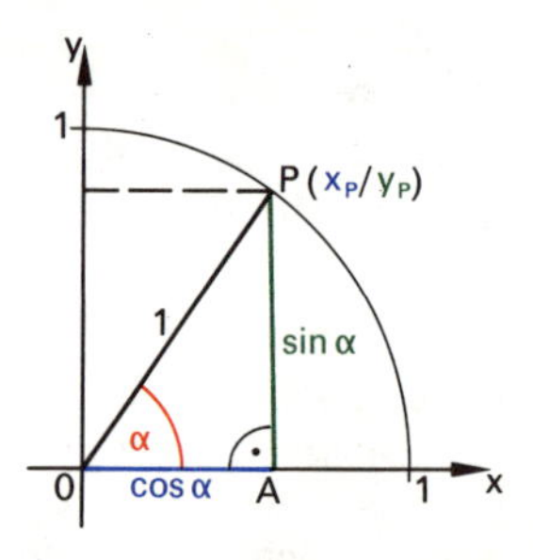

1. Winkel zwischen 0° und 90° (I. Quadrant)

Der Kreis um den Ursprung mit dem Radius 1 LE heißt *Einheitskreis*. Für einen Punkt $P(x_P/y_P)$ auf dem Einheitskreis gilt gemäß nebenstehender Zeichnung:

$$\sin\alpha = \frac{\overline{AP}}{\overline{OP}} = \frac{\overline{AP}}{1\,\text{LE}} = y_P \quad ; \quad \cos\alpha = \frac{\overline{OA}}{\overline{OP}} = \frac{\overline{OA}}{1\,\text{LE}} = x_P$$

also:

Ist $P(x_P/y_P)$ ein Punkt des Einheitskreises im I. Quadranten und α der Winkel zwischen der positiven x-Achse und [OP, so hat P

die 1. Koordinate $x_P = \cos\alpha$ und die 2. Koordinate $y_P = \sin\alpha$.

2. Erweiterung von Sinus und Kosinus auf Winkel bis 360° (II., III., IV. Quadrant)

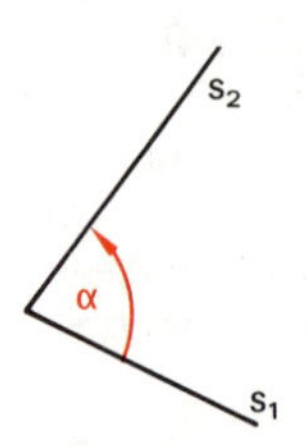

Im folgenden müssen wir den Drehsinn der Winkel beachten: Unter dem Winkel α verstehen wir das Winkelmaß der *Links*drehung, die s_1 (den zuerst genannten Schenkel) auf s_2 (den als zweiten genannten Schenkel) abbildet.

Rechtwinklige Dreiecke liefern keine Erklärung für Sinus und Kosinus von Winkeln über 90°. Jedoch können wir die Beziehung von Abschnitt 1 auf Punkte des Einheitskreises mit $90° < \alpha \leqq 360°$, also Punkte im II., III. und IV. Quadranten übertragen. Allgemein soll gelten:

Sei $0° \leqq \alpha \leqq 360°$ und $P(x_P/y_P)$ der Punkt auf dem Einheitskreis, für den der Winkel zwischen der positiven x-Achse und [OP gleich α ist. Dann ist

$\cos\alpha = x_P$ (1. Koordinate von P) und $\sin\alpha = y_P$ (2. Koordinate von P).

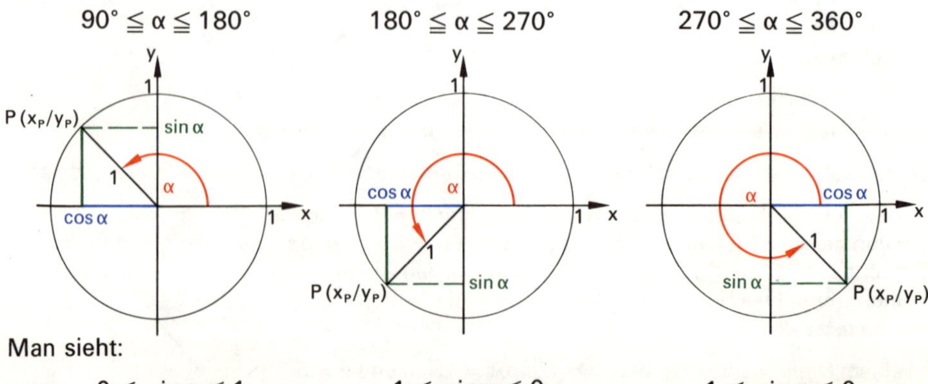

Man sieht:

$90° \leqq \alpha \leqq 180°$	$180° \leqq \alpha \leqq 270°$	$270° \leqq \alpha \leqq 360°$
$0 \leqq \sin\alpha \leqq 1$	$-1 \leqq \sin\alpha \leqq 0$	$-1 \leqq \sin\alpha \leqq 0$
$-1 \leqq \cos\alpha \leqq 0$	$-1 \leqq \cos\alpha \leqq 0$	$0 \leqq \cos\alpha \leqq 1$

3. Rückführung von stumpfen und überstumpfen Winkeln auf spitze

a) Für $90° < \alpha < 180°$:

Mit $\alpha' = 180° - \alpha$ ist $0° < \alpha' < 90°$.

Die Abbildung zeigt:

$\sin\alpha = y_P = \quad y_{P'} = \quad \sin\alpha'$

$\cos\alpha = x_P = -x_{P'} = -\cos\alpha'$, also:

$$\sin\alpha = \quad \sin(180° - \alpha)$$
$$\cos\alpha = -\cos(180° - \alpha)$$

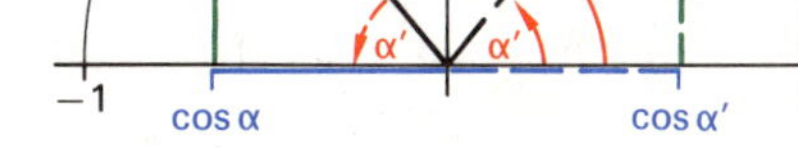

b) Entsprechend für $180° < \alpha < 270°$:

$$\sin\alpha = -\sin(\alpha - 180°)$$
$$\cos\alpha = -\cos(\alpha - 180°)$$

c) und für $270° < \alpha < 360°$:

$$\sin\alpha = -\sin(360° - \alpha)$$
$$\cos\alpha = \quad \cos(360° - \alpha)$$

Beispiele: $\cos 225° = -\cos(225° - 180°) = -\cos 45°$;
$\sin 300° = -\sin(360° - 300°) = -\sin 60°$

---

1. Zeichne Dreiecke mit $\alpha = 40°$, $\beta = 90°$ und den Hypotenusenlängen 0,5 dm, 0,7 dm, 1 dm. Miß die Seiten (in dm) und berechne daraus jeweils $\sin\alpha$ und $\cos\alpha$! Was fällt auf?

2. Zeichne in ein Koordinatensystem (1 LE = 1 dm) ein Viertel des Einheitskreises und bestimme die Sinus- und Kosinuswerte von $\alpha = 0°$ (10°; 20°; …; 90°).

3. Zeichne den Punkt $P(\frac{1}{2}\sqrt{3}/\frac{1}{2})$ in ein Koordinatensystem (1 LE = 5 cm).
   a) Bestimme $\overline{OP}$, den Winkel α zwischen der positiven x-Achse und der Halbgeraden [OP sowie $\sin\alpha$ und $\cos\alpha$!
   b) Spiegelt man P an der y-Achse, am Ursprung bzw. an der x-Achse, so erhält man die Punkte P_1, P_2 bzw. P_3.
   Ermittle die Winkel φ_1, φ_2 und φ_3 zwischen der positiven x-Achse und den Halbgeraden [OP_1, [OP_2 und [OP_3 (Linksdrehung vom 1. zum 2. Schenkel) und ordne ihnen sinnvolle Sinus- und Kosinuswerte zu!

°4. a) Bestimme den Winkel zwischen der positiven x-Achse und der Halbgeraden [OP mit $P(\frac{1}{2}/\frac{1}{2}\sqrt{3})$!
   b) Spiegle P jeweils an der y-Achse, am Ursprung und an der x-Achse auf P_1, P_2 und P_3. Gib die Winkel zwischen der positiven x-Achse und den Halbgeraden [OP_1, [OP_2 und [OP_3 an! Wie groß sind die zugehörigen Sinus- und Kosinuswerte?

5. Es gilt $\sin 70° \approx 0{,}94$. Bestimme ohne Taschenrechner: $\sin 110°$, $\sin 250°$, $\sin 290°$

°6. Es gilt $\cos 38° \approx 0{,}788$. Bestimme ohne Taschenrechner: $\cos 218°$, $\cos 322°$, $\cos 142°$

7. Bestimme alle Winkel φ ($0° \leqq \varphi \leqq 360°$) mit:
   a) $\sin\varphi = -\frac{1}{2}$ b) $\cos\varphi = -\frac{1}{2}\sqrt{2}$ °c) $\sin\varphi = \frac{1}{2}\sqrt{3}$ °d) $\cos\varphi = -1$

8. Bestimme exakt (ohne Verwendung des Taschenrechners):
   a) $\sin 300°$ b) $\cos 300°$ °c) $\sin 150°$ °d) $\cos 150°$ °e) $\sin 180°$ °f) $\cos 180°$

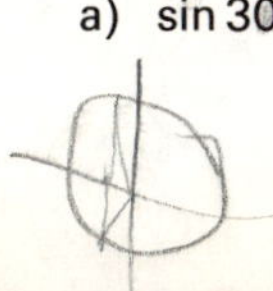

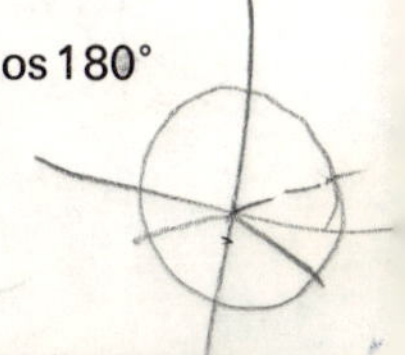

Der Tangens von Winkeln zwischen 90° und 360°

Auch für Winkel über 90° definieren wir den Tangens als Quotient von Sinus und Kosinus; wegen $\cos 270° = 0$ ist der Winkel 270° dabei jedoch auszunehmen:

$$\tan\alpha = \frac{\sin\alpha}{\cos\alpha} \quad \text{für} \quad 90° < \alpha < 270° \quad \text{und} \quad 270° < \alpha \leqq 360°$$

Mit den Formeln für Sinus und Kosinus läßt sich auch der Tangens von stumpfen und überstumpfen Winkeln auf den Tangens von spitzen Winkeln zurückführen:

a) $90° < \alpha \leqq 180°$: $\quad \tan\alpha = \frac{\sin\alpha}{\cos\alpha} = \frac{\sin(180° - \alpha)}{-\cos(180° - \alpha)} = -\tan(180° - \alpha)$

b) $180° \leqq \alpha < 270°$: $\quad \tan\alpha = \frac{\sin\alpha}{\cos\alpha} = \frac{-\sin(\alpha - 180°)}{-\cos(\alpha - 180°)} = \tan(\alpha - 180°)$

c) $270° < \alpha \leqq 360°$: $\quad \tan\alpha = \frac{\sin\alpha}{\cos\alpha} = \frac{-\sin(360° - \alpha)}{\cos(360° - \alpha)} = -\tan(360° - \alpha)$

Damit ergeben sich für Sinus, Kosinus und Tangens folgende Vorzeichenregeln:

φ	I. Quadrant	II. Quadrant	III. Quadrant	IV. Quadrant
$\sin\varphi$	+	+	−	−
$\cos\varphi$	+	−	−	+
$\tan\varphi$	+	−	+	−

Negative Winkel und Winkel größer als 360°

1. Negative Winkel

Bisher kannten wir nur Winkel mit *positiven* Maßzahlen. Wir hatten außerdem vereinbart, daß diese Winkel durch Drehung *gegen den Uhrzeigersinn* (*Links*drehung) erzeugt werden.
Nun legen wir fest: Für Drehungen *im Uhrzeigersinn* (*Rechtsdrehungen*) verwenden wir *negative* Maßzahlen.

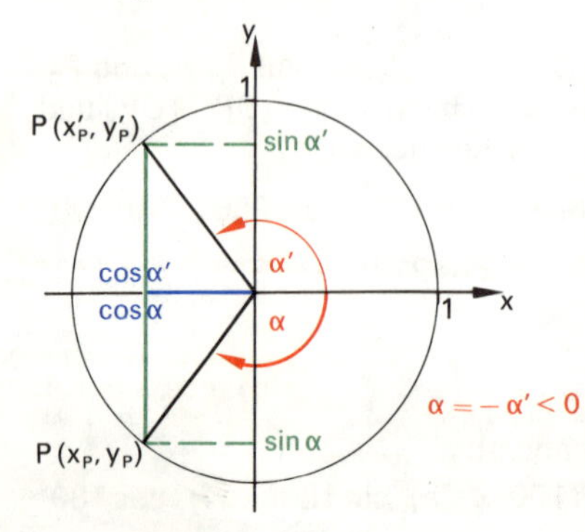

Auch für negative Winkel definieren wir Sinus und Kosinus am Einheitskreis und den Tangens als Quotient von Sinus und Kosinus.
Aufgrund der Symmetrie bezüglich der x-Achse gilt für alle Winkel α:

$$\sin(-\alpha) = -\sin\alpha$$
$$\cos(-\alpha) = \cos\alpha$$

und damit:

$$\tan(-\alpha) = -\tan\alpha \quad (\alpha \neq \pm 90°,\ \alpha \neq \pm 270°)$$

2. Winkel φ mit $|\varphi| > 360°$

Durch eine Drehung, die weiter als eine Volldrehung geht, wird ein Winkel erzeugt, der größer als 360° oder kleiner als −360° ist.

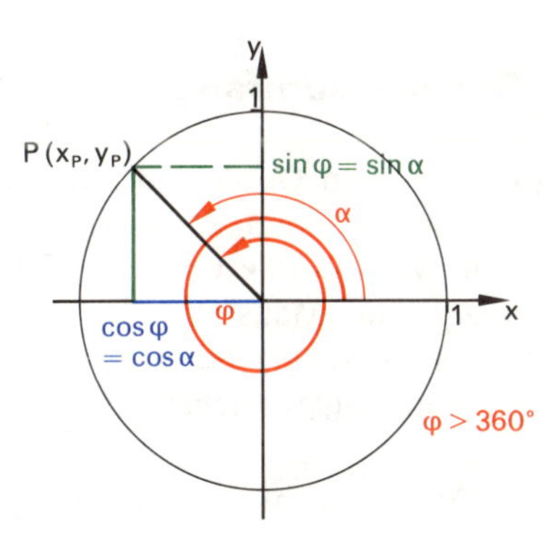

Auch für diese Winkel definieren wir Sinus- und Kosinuswerte am Einheitskreis und die Tangenswerte als deren Quotienten.
Jeden solchen Winkel φ kann man in ein ganzzahliges Vielfaches von 360° und einen Winkel α mit $0° \leqq \alpha < 360°$ zerlegen:

$\varphi = k \cdot 360° + \alpha$ mit $k = 0; \pm 1; \pm 2; \pm 3; \ldots$

Es gilt für alle $k \in \mathbb{Z}$:

$\sin(k \cdot 360° + \alpha) = \sin\alpha$ und damit:
$\cos(k \cdot 360° + \alpha) = \cos\alpha$ $\tan(k \cdot 360° + \alpha) = \tan\alpha$ $(\alpha \neq 90°, \alpha \neq 270°)$

1. a) Berechne mit Hilfe der Beziehung $\tan\varphi = \dfrac{\sin\varphi}{\cos\varphi}$ die Tangenswerte folgender Winkel!
   $\varphi = 120°$ (150°; 210°; 225°; 315°; 330°)
   b) Gib allgemein an, wie man den Tangens eines stumpfen oder überstumpfen Winkels auf den Tangens eines spitzen Winkels zurückführen kann! (Fallunterscheidung!)

2. a) Umstellung auf Winterzeit! Um welche Winkel müssen die Uhrzeiger gedreht werden?
   b) Welche Drehwinkel ergeben sich bei Umstellung auf Sommerzeit?
   c) Um welche Winkel muß man die Uhrzeiger drehen, wenn die Uhr genau 1 Stunde und 20 Minuten gestanden hat (und vorher genau ging)?

3. Ein Gast steigt in die Kabine eines Riesenrads von 20 m Durchmesser ein. Wie weit seitlich und wie weit in der Höhe ist er nach einer Drehung um 60° (160°, 280°, 420°, 1000°, −200°, −300°, −1520°) vom Einstiegspunkt entfernt?

4. Es gilt $\tan 50° \approx 1{,}19$. Bestimme ohne Verwendung des Taschenrechners:
   a) $\tan(-50°)$ b) $\tan 130°$ c) $\tan(-230°)$ d) $\tan 310°$ e) $\tan(-410°)$ f) $\tan 1130°$

°5. Es gilt $\tan 64° \approx 2{,}05$. Bestimme ohne Verwendung des Taschenrechners:
   a) $\tan 296°$ b) $\tan(-244°)$ c) $\tan(-64°)$ d) $\tan 784°$ e) $\tan 116°$ f) $\tan(-784°)$

6. Bestimme alle Winkel φ für $\varphi \in [0°; 360°]$ ~~bzw. für $\varphi \in [-360°; 0°]$~~ mit
   a) $\tan\varphi = \dfrac{1}{\sqrt{3}}$ c) $\tan\varphi = -\sqrt{3}$ e) $\tan\varphi = 0$
   b) $\tan\varphi = 7$ d) $\tan\varphi = 1$ f) $\tan\varphi = 100000$!

7. Von einem Winkel $\varphi \in [0°; 360°[$ ist jeweils der Kosinuswert gegeben. Welche Werte sind jeweils für $\sin\varphi$ und $\tan\varphi$ möglich?
   a) $\cos\varphi = \frac{1}{2}$ b) $\cos\varphi = -\frac{12}{13}$ °c) $\cos\varphi = \frac{1}{2}\sqrt{2}$ °d) $\cos\varphi = \frac{5}{13}$ °e) $\cos\varphi = 0$

8. Von einem Winkel $\varphi \in [0°; 360°[$ ist jeweils der Sinuswert gegeben. Welche Werte sind jeweils für $\cos\varphi$ und $\tan\varphi$ möglich?
   a) $\sin\varphi = \frac{1}{2}\sqrt{3}$ °b) $\sin\varphi = -\frac{1}{2}\sqrt{3}$ °c) $\sin\varphi = -\frac{1}{2}$ °d) $\sin\varphi = -\frac{1}{2}\sqrt{2}$ °e) $\sin\varphi = \frac{12}{13}$

17. LERNEINHEIT: BERECHNUNGEN AM KREIS

Der Kreisumfang

Längen sind Größen, die wir bisher nur geraden Strecken (oder Streckenzügen) zuordnen können. Wir haben zwar eine Vorstellung, was der *Umfang* eines Kreises ist. Zum Messen des Umfangs müßten wir jedoch den Kreis „aufbiegen" oder einen geeigneten Maßstab „zum Kreis biegen"; ein diesem „Biegen" entsprechender mathematischer Begriff ist jedoch schwer zu definieren. Daher nähern wir den Kreisumfang zunächst durch die Umfänge um- und einbeschriebener Vielecke an.

1. Die Intervallschachtelung am Beispiel $\sqrt{2}$

Die Zahl $\sqrt{2}$ haben wir durch eine Intervallschachtelung (z. B. mit Hilfe der Intervall-Zehnteilung) festgelegt.

Dieses Verfahren kann man (theoretisch) unbegrenzt fortsetzen. Man kann mit den gefundenen unteren und oberen Schranken die Zahl $\sqrt{2}$ beliebig genau einschachteln.

$$1^2 < 2 < 2^2 \Leftrightarrow 1 < \sqrt{2} < 2$$
$$1{,}4^2 < 2 < 1{,}5^2 \Leftrightarrow 1{,}4 < \sqrt{2} < 1{,}5$$
$$1{,}41^2 < 2 < 1{,}42^2 \Leftrightarrow 1{,}41 < \sqrt{2} < 1{,}42$$

usw.

Wir stellen fest:

① Die unteren Schranken bilden eine Folge von wachsenden Zahlen.

② Die oberen Schranken bilden ein Folge von fallenden Zahlen.

③ Die Differenz entsprechender oberer und unterer Schranken wird beliebig klein.

Haben zwei Zahlenfolgen diese Eigenschaften ①, ② und ③, so bilden sie eine *Intervallschachtelung*.

Durch eine Intervallschachtelung ist genau eine Zahl festgelegt.

2. Intervallschachtelung am Kreis

Wir betrachten den Umfang des roten einbeschriebenen Quadrats als erste Näherung für den Kreisumfang. Eine bessere Näherung erhalten wir, wenn wir zum grünen Achteck übergehen. Der Umfang des Achtecks ist größer als der Umfang des Quadrats, da z. B. $\overline{AB} < \overline{AC} + \overline{CB}$ (Dreiecksungleichung). Gehen wir zum regelmäßigen 16-Eck über, so wächst der Umfang wieder, usw.:

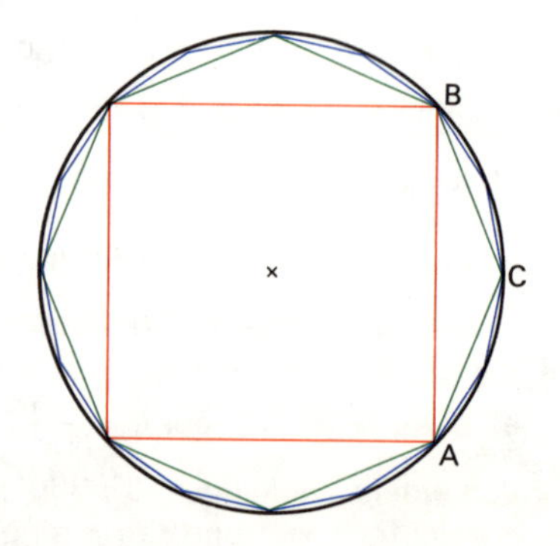

Die Maßzahlen der Umfänge der einbeschriebenen Vielecke bilden eine mit zunehmender Eckenzahl steigende Zahlenfolge ①.

Auch der Umfang des umschriebenen roten Quadrats ist als erste Näherung für den Kreisumfang brauchbar. Das grüne Achteck liefert eine bessere Näherung. Sein Umfang ist kleiner als der des Quadrats, da z.B. $\overline{PQ} < \overline{PR} + \overline{QR}$. Gehen wir zum regelmäßigen 16-Eck über, nimmt der Umfang weiter ab, usw.:

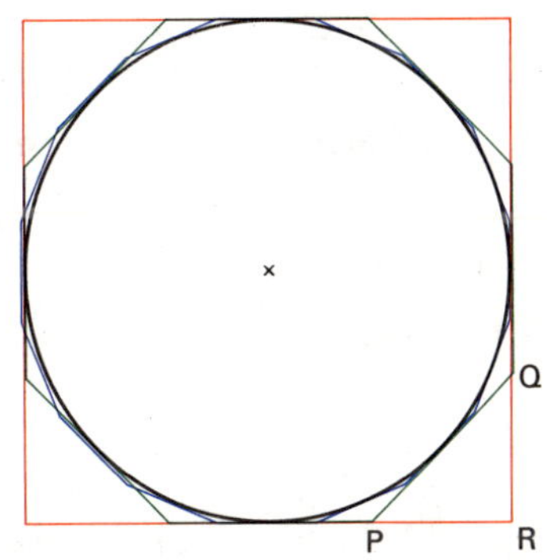

Die Maßzahlen der Umfänge der umschriebenen Vielecke bilden eine mit zunehmender Eckenzahl abnehmende Zahlenfolge ②.

Man kann auch noch zeigen, daß die *Differenz der Umfänge von um- und einbeschriebenen n-Ecken beliebig klein wird* ③. Also bilden die Folgen der Umfänge der um- und der einbeschriebenen Vielecke eine Intervallschachtelung. Man definiert:

Der Wert, der durch die Intervallschachtelung der Umfänge der einbeschriebenen bzw. umschriebenen regelmäßigen Vielecke festgelegt wird, heißt *Kreisumfang*.

---

1. Mache Vorschläge, wie man die Länge der abgebildeten Linien definieren könnte!

2. Entwickle eine Intervallschachtelung für a) $\sqrt{3}$, b) $\sqrt{7}$, °c) $\sqrt{13}$, °d) $\sqrt{7{,}5}$ nach der Zehnteilungsmethode, nach der Halbierungsmethode oder mit Hilfe der Iterationsformel für $\sqrt{a}$ $\quad x_{n+1} = \frac{1}{2}\left(x_n + \frac{a}{x_n}\right)$!

3. Begründe, daß man eine Intervallschachtelung für den Kreisumfang erhält, wenn man vom Umfang des einbeschriebenen regelmäßigen n-Ecks zum Umfang des einbeschriebenen regelmäßigen 2n-Ecks bzw. vom Umfang des umschriebenen regelmäßigen n-Ecks zum Umfang des umschriebenen regelmäßigen 2n-Ecks übergeht usw.!

4. In nebenstehender Figur sind einem Kreis mit dem Radius r ein regelmäßiges Dreieck mit der Seite $\underline{s}_3$ und ein regelmäßiges Sechseck mit der Seite $\underline{s}_6$ einbeschrieben. Der Umfang dieses Dreiecks sei $\underline{u}_3$, der des Sechsecks $\underline{u}_6$.

   Begründe:

   a) $\underline{u}_3 = r \cdot 6 \cdot \sin\frac{180°}{3}$ b) $\underline{u}_6 = r \cdot 12 \cdot \sin\frac{180°}{6}$ c) $\underline{u}_n = r \cdot 2n \cdot \sin\frac{180°}{n}$

°5. Einem Kreis mit dem Radius r ist ein regelmäßiges Dreieck mit der Seite $\bar{s}_3$, ein regelmäßiges Sechseck mit der Seite $\bar{s}_6, \ldots$ umschrieben. Der Umfang dieses Dreiecks sei $\bar{u}_3$, der des Sechseckes $\bar{u}_6, \ldots$

Begründe: a) $\bar{u}_3 = r \cdot 6 \cdot \tan\frac{180°}{3}$ b) $\bar{u}_6 = r \cdot 12 \cdot \tan\frac{180°}{6}$ c) $\bar{u}_n = r \cdot 2n \cdot \tan\frac{180°}{n}$

Die Zahl π – Umfang und Flächeninhalt des Kreises

1. Die Formel für den Kreisumfang

Aus den vorangegangenen Überlegungen und Berechnungen (Aufgaben 4 und 5, Seite G 19) folgt:

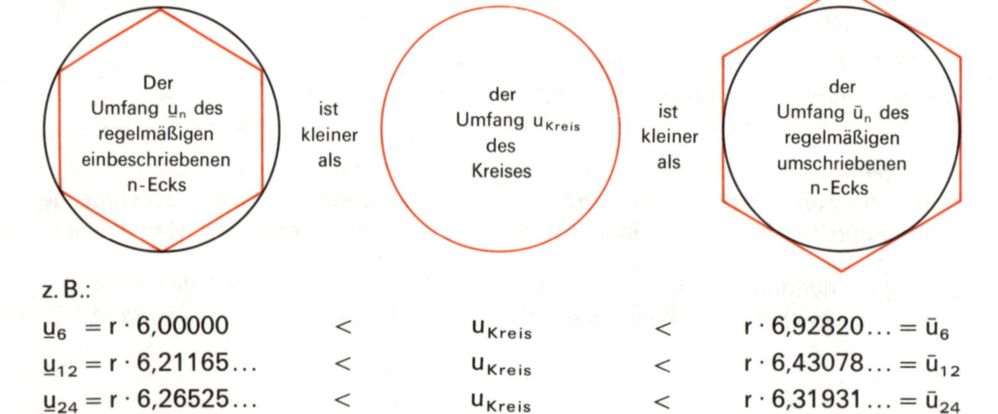

z. B.:

$\underline{u}_6 = r \cdot 6{,}00000 < u_{Kreis} < r \cdot 6{,}92820\ldots = \bar{u}_6$

$\underline{u}_{12} = r \cdot 6{,}21165\ldots < u_{Kreis} < r \cdot 6{,}43078\ldots = \bar{u}_{12}$

$\underline{u}_{24} = r \cdot 6{,}26525\ldots < u_{Kreis} < r \cdot 6{,}31931\ldots = \bar{u}_{24}$

$\underline{u}_{48} = r \cdot 6{,}27870\ldots < u_{Kreis} < r \cdot 6{,}29217\ldots = \bar{u}_{48}$

Dividiert man alle Ungleichungen durch $d = 2r$, so erhält man eine neue, von r unabhängige Intervallschachtelung:

$3{,}00000 < u_{Kreis} : d < 3{,}46410\ldots$

$3{,}10582\ldots < u_{Kreis} : d < 3{,}21539\ldots$

$3{,}13262\ldots < u_{Kreis} : d < 3{,}15965\ldots$

$3{,}13935\ldots < u_{Kreis} : d < 3{,}14608\ldots$ usw.

Durch diese Intervallschachtelung wird genau eine Zahl festgelegt, die üblicherweise mit dem griechischen Buchstaben π (lies: pi) bezeichnet wird:

$u_{Kreis} : d = \pi = 3{,}14159\ldots \in \mathbb{R}$ [1]

Damit erhält man für den Kreisumfang folgende Formel:

$u_{Kreis} = d \cdot \pi = 2 \cdot r \cdot \pi$ mit $\pi = 3{,}14159\ldots$

2. Der Flächeninhalt des Kreises

Auch den Flächeninhalt des Kreises ermittelt man mit einer Intervallschachtelung:

Als untere Schranke verwendet man den Flächeninhalt $\underline{A}_n$ eines einbeschriebenen regulären n-Ecks, als obere Schranke den Flächeninhalt $\bar{A}_n$ eines umschriebenen regulären n-Ecks.

[1] Die Zahl π ist irrational, wie der elsässische Mathematiker Johann Heinrich Lambert (1728–1777) im Jahre 1767 bewies.

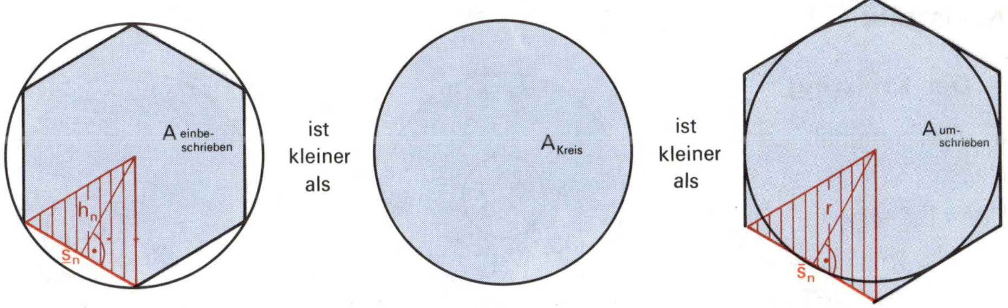

$$\underline{A} = (\tfrac{1}{2}\underline{s}_n \cdot h_n) \cdot n \quad < \quad A_{Kreis} \quad < \quad (\tfrac{1}{2}\bar{s}_n \cdot r) \cdot n = \bar{A}_n$$

Umformung: $\tfrac{1}{2}(\underline{s}_n \cdot n) \cdot h_n \quad < \quad A_{Kreis} \quad < \quad \tfrac{1}{2}(\bar{s}_n \cdot n) \cdot r$

oder $\tfrac{1}{2} \cdot \underline{u}_n \cdot h_n \quad < \quad A_{Kreis} \quad < \quad \tfrac{1}{2} \cdot \bar{u}_n \cdot r$

Wenn n beliebig wächst (kurz: $n \to \infty$), ergeben sich folgende Übergänge:

$$\tfrac{1}{2} \cdot u_{Kreis} \cdot r \quad = \quad A_{Kreis} \quad = \quad \tfrac{1}{2} \cdot u_{Kreis} \cdot r$$

Mit $u_{Kreis} = 2 \cdot r \cdot \pi$ ergibt sich:

Ein Kreis mit dem Durchmesser d bzw. dem Radius $r = \frac{d}{2}$ hat den Flächeninhalt $A_{Kreis} = \frac{d^2}{4} \cdot \pi = r^2 \cdot \pi$

1. Berechne mit Hilfe der Ergebnisse der Aufgaben 4. und 5. von Seite G19 den Umfang $\underline{u}_6$ des einbeschriebenen und den Umfang $\bar{u}_6$ des umschriebenen 6-Ecks (12-, 24-, 48-Ecks) in Abhängigkeit von r. Stelle damit eine Intervallschachtelung für den Kreisumfang zusammen!
Zeige mit dieser, daß $u_{Kreis} \sim r$ bzw. $u_{Kreis} \sim d$. Was bedeutet dies für den Quotienten $u_{Kreis} : d$?

°2. Berechne die Schranken einer Intervallschachtelung für u_{Kreis}, indem du mit dem um- bzw. einbeschriebenen regelmäßigen Fünfeck beginnst und jeweils eine Zehnteilung des Winkels vornimmst, das heißt $\varphi_5 = 72°$; $\varphi_{50} = 7{,}2°$ ....

3. Zeige durch eine geeignete Umformung, daß die Differenz $\bar{u}_n - \underline{u}_n$ für wachsende n (kurz: $n \to \infty$) gegen Null strebt!

4. Gib mit Hilfe der Seiten $\underline{s}_6, \underline{s}_{12}, \underline{s}_{24}, \ldots$ bzw. $\bar{s}_6, \bar{s}_{12}, \bar{s}_{24}, \ldots$ eine Intervallschachtelung für den Flächeninhalt des Kreises in Abhängigkeit von r an!
Schreibe diese Intervallschachtelung mit Variablen und betrachte die Veränderungen, wenn die Eckenzahl beliebig vergrößert wird ($n \to \infty$)!

5. Berechne die fehlenden Größen des Kreises (r, d, u, A), von dem gegeben ist:

a) $d = 9{,}2$ cm	c) $r = 6{,}1$ m	°e) $u = 31{,}4$ m	°g) $u = 10192$ mm
b) $u = 51{,}81$ dm	d) $A = 28{,}26$ cm²	°f) $d = 16{,}4$ cm	°h) $A = 0{,}785$ ha

6. Alte Näherungswerte für die Zahl π: 3 bei den Babyloniern, $(\frac{16}{9})^2$ bei den Ägyptern, $(\frac{7}{4})^2$ bei den Indern um 500 v. Chr., $3\frac{1}{7}$ bei Archimedes (287–212 v. Chr.), $3\frac{17}{120}$ bei Ptolemäus um 150 n. Chr., $\sqrt{10}$ bei den Indern um 600 n. Chr. Vergleiche!

Kreisteile (1)

1. Der Kreisring

a) Flächeninhalt

$$A_{Ring} = A_{\substack{grosser\\Kreis}} - A_{\substack{kleiner\\Kreis}}$$
$$= R^2\pi - r^2\pi$$
$$= (R^2 - r^2) \cdot \pi$$

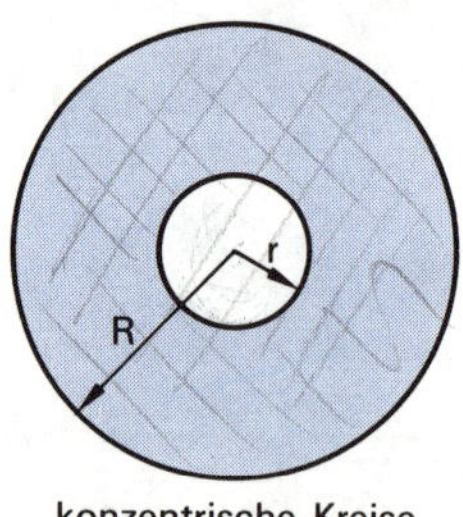

konzentrische Kreise

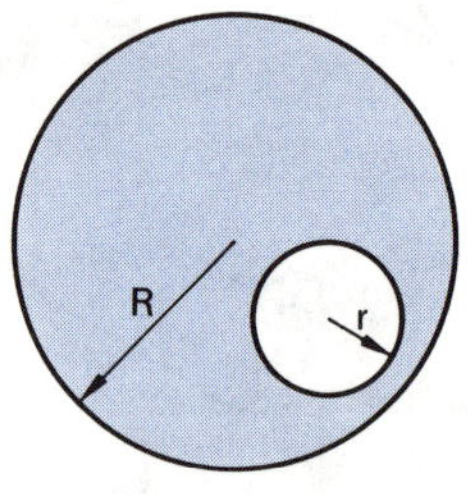

nicht konzentrische Kreise

b) Musteraufgabe

Ein Kreisring, der überall 30 cm breit ist, hat einen Flächeninhalt von 2,00 m². Wie groß sind die beiden Radien?

Wir verwenden bei der Berechnung einheitlich cm bzw. cm²:

$A = 2{,}00\ m^2 = 20\,000\ cm^2$; $R - r = \Delta r = 30\ cm$

Für die beiden Unbekannten R und r gelten die beiden Gleichungen:

I $R = r + \Delta r$ also $R = r + 30$

II $A = (R^2 - r^2) \cdot \pi$ also $20000 = (R^2 - r^2) \cdot \pi$

Wir lösen dieses Gleichungssystem mit 2 Unbekannten mit dem Einsetzverfahren:

I in II: $20000 = [(r + 30)^2 - r^2] \cdot \pi$
$$20000 = [r^2 + 60r + 900 - r^2] \cdot \pi$$
$$20000 = (60r + 900) \cdot \pi$$
$$\vdots$$
$$r = 91{,}1\ldots \approx \underline{\underline{91}}$$

Antwort: Der innere Radius ist etwa 91 cm lang, der äußere 1,21 m.

2. Der Sektor

Die *Bogenlänge* b ist proportional zum *Mittelpunktswinkel* φ, ebenso der Flächeninhalt des Sektors. Also gilt:

$$\frac{b}{\varphi} = \frac{u_{Kreis}}{360°} \quad \text{und damit}$$

$$b = \frac{\varphi}{360°} \cdot 2 \cdot r \cdot \pi = \frac{\varphi}{180°} \cdot r \cdot \pi$$

Entsprechend:

$$\frac{A_{Sektor}}{\varphi} = \frac{A_{Kreis}}{360°} \quad \text{und damit}$$

$$A_{Sektor} = \frac{\varphi}{360°} \cdot r^2 \cdot \pi$$

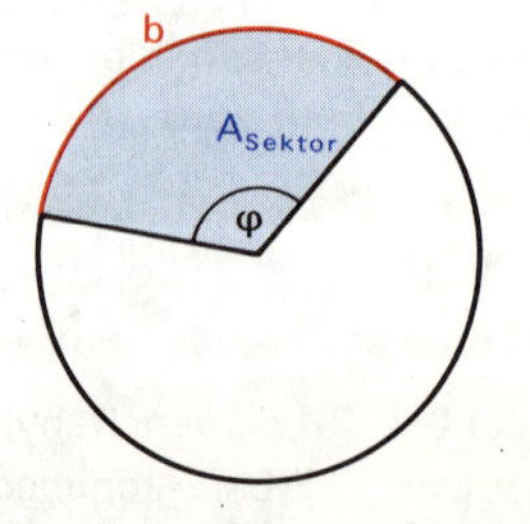

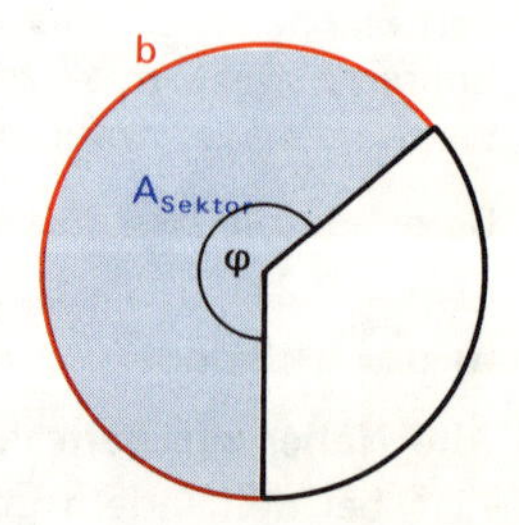

1. Um ein kreisrundes Parkbeet ($d = 8$ m) führt ein 2 m breiter Weg. Berechne den Flächeninhalt des Weges!

°2. Um ein kreisrundes Wasserbecken ($u = 53{,}38$ m) führt ein 2,5 m breiter Weg.
   a) Berechne den Inhalt der Wegfläche!
   b) Der Weg wird mit rechteckigen Platten ($l = 60$ cm, $b = 40$ cm) gepflastert. Wie viele Platten sind mindestens nötig, wenn man 10% Verschnitt einkalkulieren muß?

3. Berechne die fehlenden Größen des Kreisringes (R; r; Δr; u_i; u_a; A), von dem gegeben sind:
   a) $\Delta r = 2$ m; $A = 163{,}4$ m^2
   b) $u_i = 44$ mm; $A = 518$ mm^2
   °c) $R = 24$ m; $A = 5{,}53$ a
   °d) $u_i = 66$ mm; $A = 933$ mm^2

°4. Eine Verkehrsinsel hat die Form eines Rechtecks mit angesetzten Halbkreisen an den beiden Schmalseiten. Das Rechteck ist ohne Randstein 18,4 m lang und 2,5 m breit. (Zeichne!)
   a) Wieviel laufende Meter Randstein sind erforderlich?
   b) Wie teuer wird das Asphaltieren der Verkehrsinsel, wenn 1 m^2 45 DM kostet?

5. Der TSV Schnecke möchte um sein Fußballfeld eine Kunststoffbahn anlegen lassen, wobei eine Laufbahn 85 cm breit werden soll. 1 m^2 der Kunststoffbahn kostet 135 DM. Kann sich der Verein eine 8spurige Bahn leisten, wenn er 320 000,— DM zur Verfügung hat, oder muß er sich mit einer 6-spurigen Bahn begnügen?

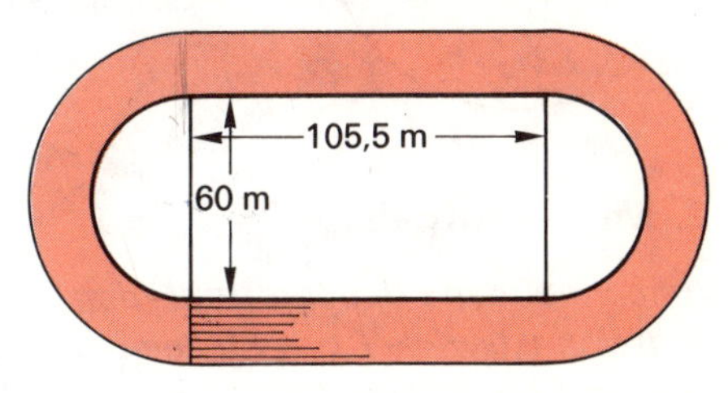

6. Zeichne einen Kreis mit $r = 3$ cm und in ihm einen Sektor mit dem Mittelpunktswinkel $\varphi = 125°$.
   a) Berechne die Länge des zugehörigen Kreisbogens b!
   Formuliere den Zusammenhang zwischen b, r und φ allgemein!
   b) Berechne den Flächeninhalt des Sektors! Verallgemeinerung!

°7. Zeige mit Hilfe einer Intervallschachtelung, daß für den Flächeninhalt eines Sektors folgende Formel gilt:
   $A_s = \frac{1}{2} \cdot b \cdot r$.
   Hinweis: Gehe von der Intervallschachtelung für den Flächeninhalt des Kreises (Seite G 21 oben) aus!

8. Berechne die fehlenden Stücke eines Kreissektors (r; φ; b; u_s; A_s), wenn gegeben ist:
   a) $r = 10{,}0$ cm; $\varphi = 83°45'$
   b) $b = 10{,}0$ cm; $\varphi = 83°45'$
   c) $u_s = 20{,}0$ cm; $r = 5{,}0$ cm
   d) $A_s = 25{,}0$ cm^2; $b = 10{,}0$ cm
   e) $A_s = 25{,}0$ cm^2; $u_s = 25{,}0$ cm
   °f) $r = 10{,}0$ cm; $\varphi = 243°15'$
   °g) $A_s = 10{,}0$ cm^2; $\varphi = 243°15'$
   °h) $u_s = 40{,}0$ cm; $b = 24{,}0$ cm
   °i) $A_s = 54{,}0$ cm^2; $b = 21{,}0$ cm
   °k) $A_s = 45{,}0$ cm^2; $u_s = 45{,}0$ cm

°9. Der Scheibenwischer eines Autos ist 55 cm lang, das Gummiblatt aber nur 38 cm. Der Ausschlag beträgt 110°.
   a) Wie groß ist der Inhalt der gewischten Fläche?
   b) Wie lang sind die Bögen, welche die Enden des Wischers beschreiben?

Kreisteile (2)

1. Das Segment

Teilt man einen Kreis durch eine Gerade in zwei Teile, erhält man zwei (Kreis-) *Segmente*. Ein Segment wird begrenzt von einer (Kreis-)*Sehne* und einem Kreisbogen. Den Mittelpunktswinkel des Bogens nennt man auch Mittelpunktswinkel des Segments.

Bei der Flächenberechnung muß man zwei Fälle unterscheiden:

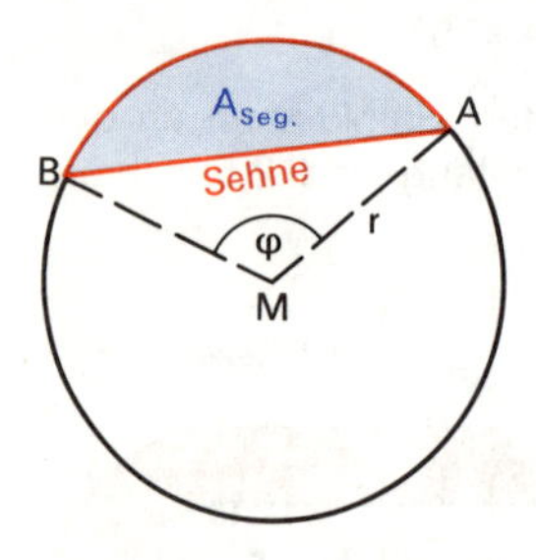

Für $\varphi < 180°$ gilt:

$$A_{Segment} = A_{Sektor} - A_{\Delta ABM}$$

Für $\varphi > 180°$ gilt:

$$A_{Segment} = A_{Sektor} + A_{\Delta ABM}$$

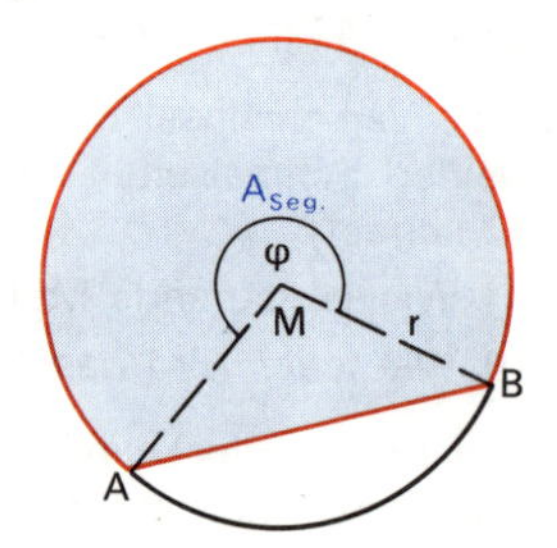

2. Musteraufgabe

Berechne den Umfang und den Flächeninhalt eines Kreissegmentes, dessen Mittelpunktswinkel $\varphi = 80°$ gegeben ist und dessen Sehne vom Mittelpunkt den Abstand $h = 5{,}0$ cm hat!

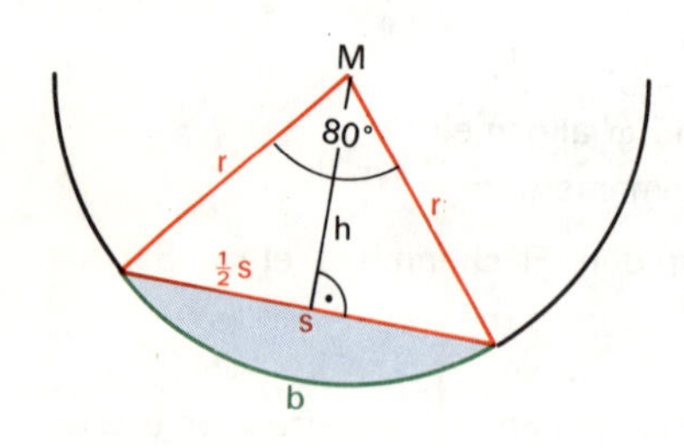

1. Schritt:

Berechnung von Sehne s und Radius r:

$$\tan\frac{\varphi}{2} = \frac{\frac{1}{2}s}{h} \qquad \cos\frac{\varphi}{2} = \frac{h}{r}$$

$$s = 2h \cdot \tan\frac{\varphi}{2} \qquad r = \frac{h}{\cos\frac{1}{2}\varphi}$$

$$\underline{s \approx 8{,}4 \text{ cm}} \qquad \underline{r \approx 6{,}5 \text{ cm}}$$

2. Schritt:

Berechnung von Bogenlänge b und Umfang u:

$$b = \frac{\varphi}{180°} \cdot r \cdot \pi$$

$$b \approx 9{,}1 \text{ cm}$$

$$u = b + s$$

$$\underline{\underline{u \approx 17{,}5 \text{ cm}}}$$

3. Schritt:

Berechnung der Flächeninhalte:

$$A_{Dreieck} = \tfrac{1}{2} \cdot s \cdot h \approx 21{,}0 \text{ cm}^2$$

$$S_{Sektor} = \frac{\varphi}{360°} \cdot r^2 \cdot \pi \approx 29{,}7 \text{ cm}^2$$

$$A_{Segment} = A_{Sektor} - A_{Dreieck}$$

$$\underline{\underline{A_{Segment} \approx 8{,}7 \text{ cm}^2}}$$

Antwort: Der Umfang beträgt 17,5 cm, der Flächeninhalt 8,7 cm².

1. Berechne den Flächeninhalt und den Umfang eines Segmentes ($r = 10$ cm) für die angegebenen Mittelpunktswinkel φ:
   a) $\varphi = 90°$ b) $\varphi = 250°$ c) $\varphi = 60°$ d) $\varphi = 167°$

2. Berechne den Flächeninhalt und den Umfang eines Segmentes ($r = 10$ cm) für die angegebenen Mittelpunktswinkel φ:
   a) $\varphi = 190°$ b) $\varphi = 40°$ c) $\varphi = 160°$ d) $\varphi = 270°$ e) $\varphi = 180°$

3. Übertrage jeweils die Figur in dein Heft und berechne den Inhalt der gekennzeichneten Fläche in Abhängigkeit von a! Verwende für die Zeichnung a = 2 cm!

a)

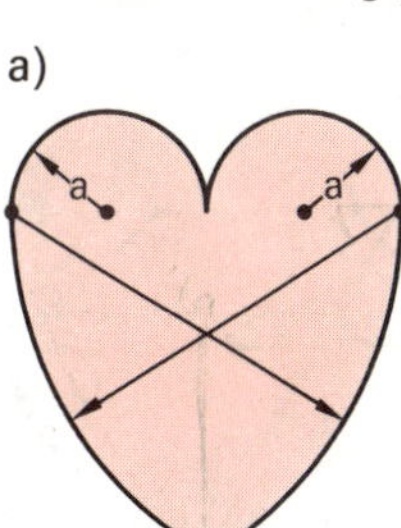

c)

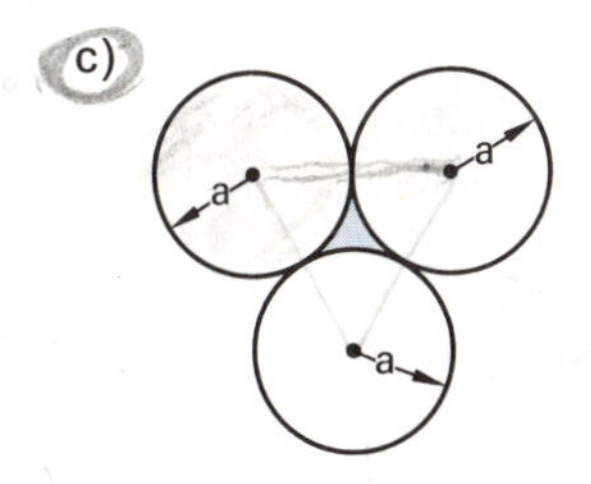

e)

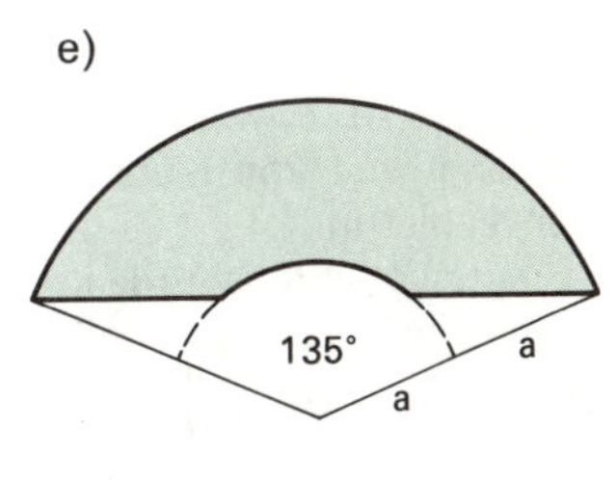

°b)

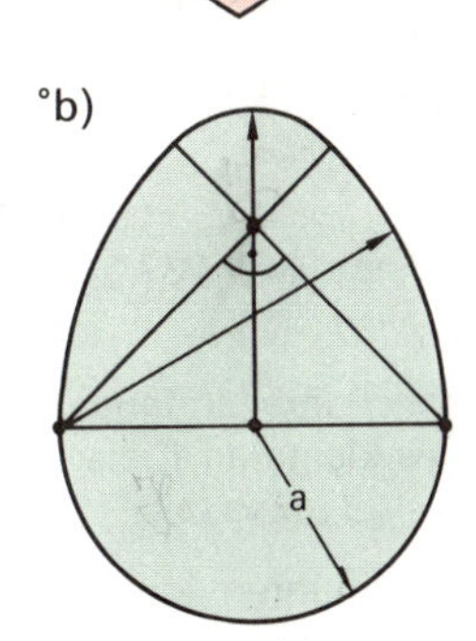

°d)

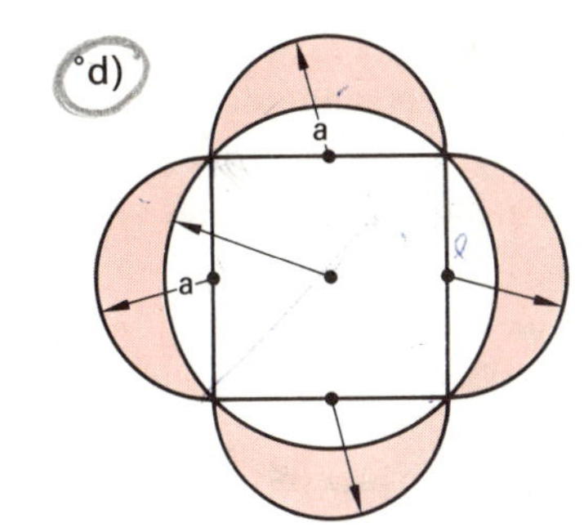

°f)

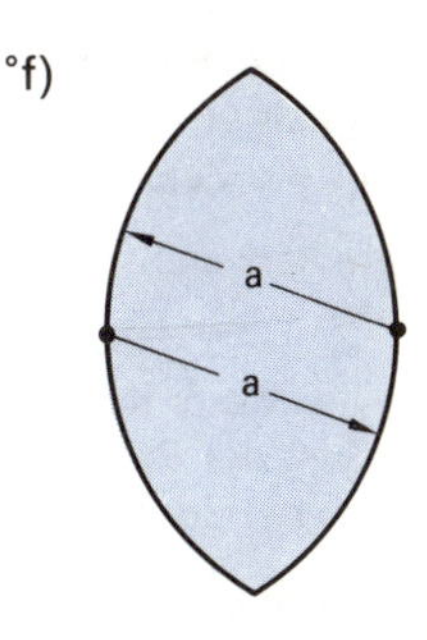

4. Gegeben ist der Kreis k_1 um M_1 mit dem Radius r_1. Zeichne um einen Punkt A des Kreises k_1 den Kreis k_2 so, daß die gemeinsame Sehne der beiden Kreise ein Durchmesser von k_1 ist. Berechne den Inhalt der drei Flächen, die von den beiden Kreisen begrenzt werden, in Abhängigkeit von r_1!

5. Vergleiche die Inhalte der verschiedenfarbig gekennzeichneten Figuren:

a)

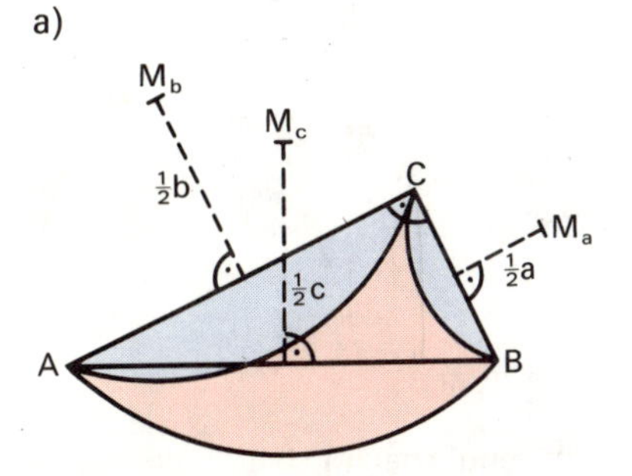

b)

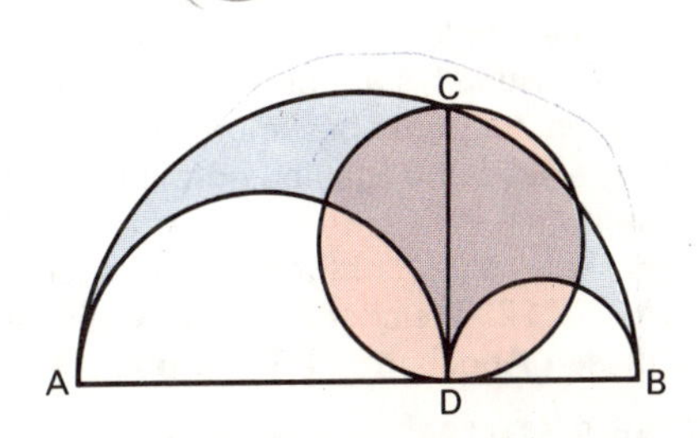

Vermischte Aufgaben

1. *Der deutsche Mathematiker Ferdinand von Lindemann (1852–1939) bewies im Jahr 1882 die Unmöglichkeit, mit Zirkel und Lineal zu einem gegebenen Kreis ein flächengleiches Quadrat („Quadratur des Kreises") und eine Strecke von der Länge des Kreisumfangs zu konstruieren.*

   Nebenstehende Figur zeigt die Konstruktion der Strecke [AD], die *näherungsweise* gleich lang ist wie der halbe Umfang des vorgegebenen Kreises um M mit dem Radius r.

   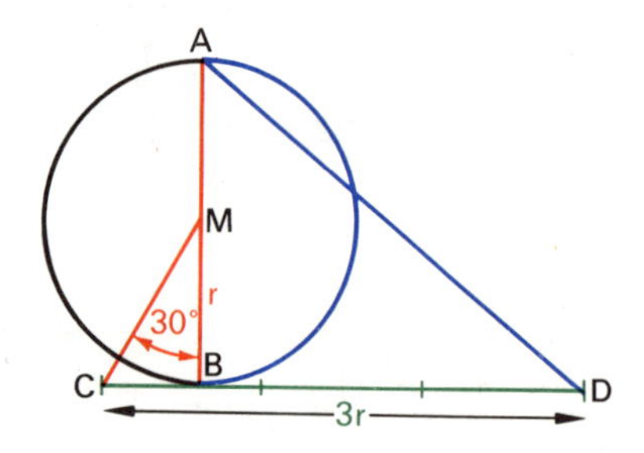

   Berechne $\overline{AD}$ sowie den halben Kreisumfang in Abhängigkeit von r und vergleiche! Berechne den Fehler in ‰!
   (Dieses Verfahren wurde im Jahr 1685 von dem polnischen Jesuiten Kochanski entwickelt.)

°2. *Eine andere Näherungskonstruktion:*
   Teile den Durchmesser [AB] eines Kreises um M mit Radius r in 5 gleiche Teile! Verlängere [AB] über B hinaus um einen dieser Teile bis C! Konstruiere D so, daß $\overline{CD} = \frac{1}{2}\overline{AC}$ und $CD \perp AC$. Berechne den Umfang des Dreiecks ACD sowie den Umfang des Kreises in Abhängigkeit von r und vergleiche! Berechne den Fehler in ‰!
   Wähle für die Zeichnung $r = 5$ cm.

3. Wie verhalten sich die Radien zweier Kreise, deren Flächeninhalte sich wie $13\frac{1}{2} : 1\frac{1}{2}$ verhalten?

°4. Die Inhalte zweier Kreisflächen verhalten sich wie 2 : 5. Wie verhalten sich ihre Umfänge? Wie groß ist der Radius R des größeren Kreises, wenn der Radius des kleineren Kreises $r = 5{,}0$ cm beträgt?

5. Wir denken uns die Erde als ideale Kugel ($r = 6\,370$ km) und spannen um ihren Äquator eng anliegend ein Seil. Anschließend verlängern wir dieses Seil um 3 m und heben es überall gleich weit vom Erdboden ab. Kann nun ein Mensch, eine Maus oder nur eine Ameise darunter hindurchkrabbeln? Rechne!

6. Eratosthenes, der um 200 v. Chr. in Alexandria lebte, berechnete aus dem Einfallswinkel der Sonnenstrahlen den Erdradius: Aus astronomischen Beobachtungen war ihm bekannt, daß die Sonne am 21. Juni mittags in einem tiefen Brunnenschacht in der Nähe von Assuan bis auf den Boden scheint. Zum selben Zeitpunkt bestimmte er in Alexandria, das etwa 5000 Stadien nördlich von Assuan liegt, den Winkel α, den Sonnenstrahlen mit der vertikalen Richtung einschließen. Er fand $\alpha = 7°12'$. Welcher Erdradius ergibt sich aus diesen Angaben? (1 Stadion ≈ 180 m)

   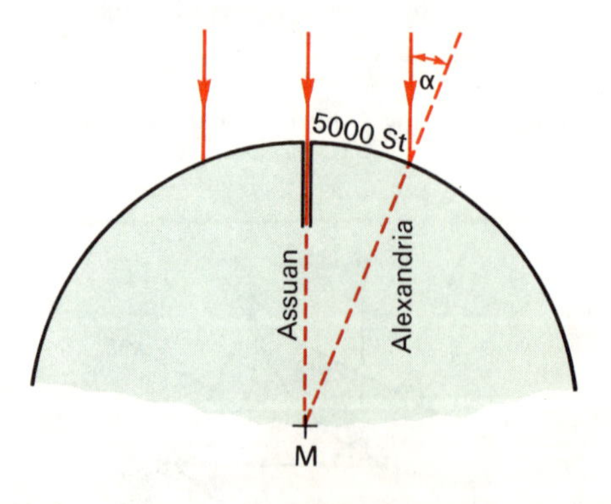

7. Am 8. Mai 1985 landete die amerikanische Raumfähre Challenger nach 110 Erdumkreisungen wieder in Edwards. In welcher Höhe umkreisten die Astronauten in etwa die Erde, wenn sie 4,7 Millionen Kilometer zurücklegten?

8. *Die „Möndchen" des Hippokrates (ca. 450 v. Chr.)*
   Gegeben sind ein beliebiges rechtwinkliges Dreieck, der Halbkreis über der Hypotenuse durch die dritte Ecke und die beiden Halbkreise über den Katheten nach außen. Vergleiche die Summe der Inhalte der beiden von den Kreisbögen begrenzten Flächen („Möndchen") mit dem Inhalt des Dreiecks!

°9. Am gleichschenklig-rechtwinkligen Dreieck ABC ($\gamma = 90°$) sind gezeichnet: der Umkreis, die beiden Halbkreise über den Katheten nach außen und der Viertelkreis um C von A nach B. Vergleiche die Summe der Inhalte der drei von den Kreisbögen begrenzten Flächen mit dem Inhalt des Dreiecks!

10. Wie verhalten sich die Umfänge (die Inhalte) von Inkreis und Umkreis
    a) eines gleichseitigen Dreiecks, °b) eines Quadrates?

11. Aus einem Baumstamm, dessen kleinster, kreisförmiger Querschnitt den Umfang $U = 1{,}10\,\text{m}$ hat, soll ein möglichst großer Balken mit quadratischem Querschnitt herausgeschnitten werden. Welchen Flächeninhalt hat der Balkenquerschnitt?

12. Aus einer quadratischen Platte mit der Seite a sollen entweder ein Kreis oder vier gleich große Kreise so ausgeschnitten werden, daß möglichst wenig Abfall anfällt. In welchem Fall ergibt sich weniger Abfall, und wieviel Prozent der Platte macht er aus?

13. Einem Quadrat mit der Seite s wird ein Kreis einbe- und ein Kreis umschrieben. Berechne den Flächeninhalt des Kreisringes in Abhängigkeit von s!

14. Welche Beziehung muß zwischen der Länge a und der Breite b eines Rechtecks bestehen, damit sich der Flächeninhalt des Rechtecks zum Flächeninhalt seines Umkreises wie $2 : \pi$ verhält?

15. Berechne jeweils den Umfang und den Flächeninhalt der gekennzeichneten Flächenstücke in Abhängigkeit von den eingetragenen Variablen!

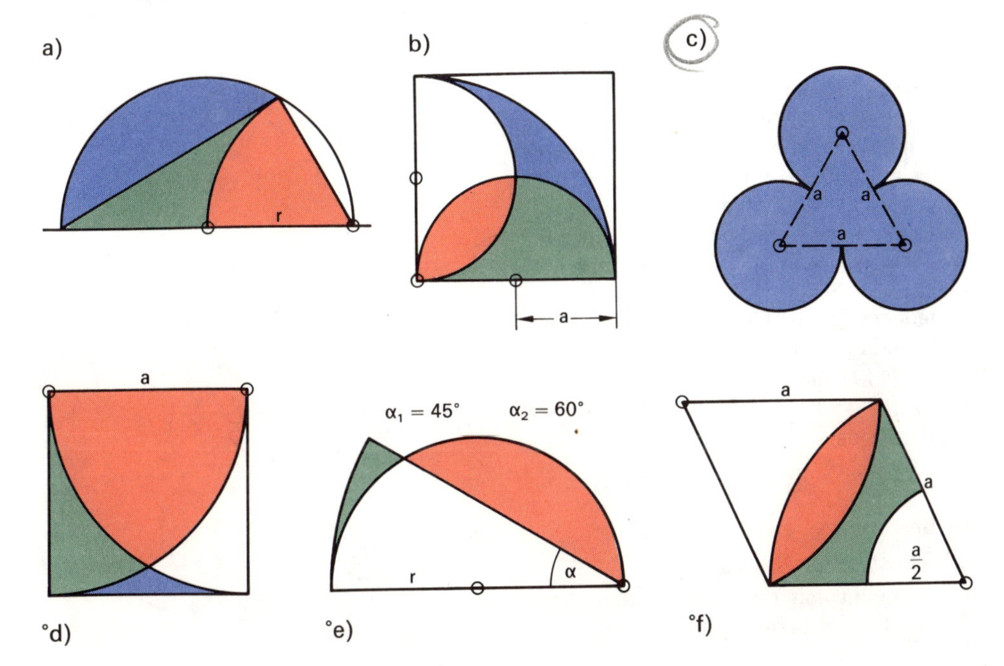

[] Anhang: Berechnung von π ohne trigonometrische Funktionen

Intervallschachtelung für den Kreisumfang

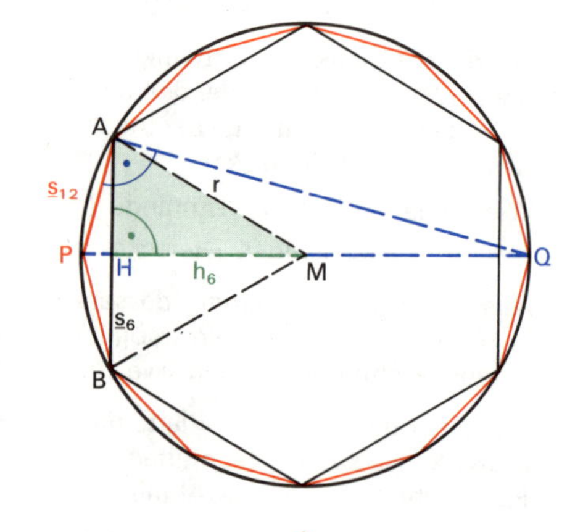

1. In nebenstehender Figur sind einem Kreis mit dem Radius r ein regelmäßiges 6-Eck mit der Seite $\underline{s}_6$ und ein regelmäßiges 12-Eck mit der Seite $\underline{s}_{12}$ einbeschrieben.
   a) Begründe:
   $$\overline{HM} = h_6 = \sqrt{r^2 - (\tfrac{1}{2}\underline{s}_6)^2} = \tfrac{1}{2}r\sqrt{3}$$
   b) Begründe:
   $$\underline{s}_{12} = \sqrt{2r \cdot (r - h_6)} = r \cdot \sqrt{2 - \sqrt{3}}$$
   c) Berechne h_{12} mit Hilfe von $\underline{s}_{12}$!
   °d) Berechne $\underline{s}_{24}$ mit Hilfe von h_{12}!
   °e) Berechne $\underline{s}_{48}$!

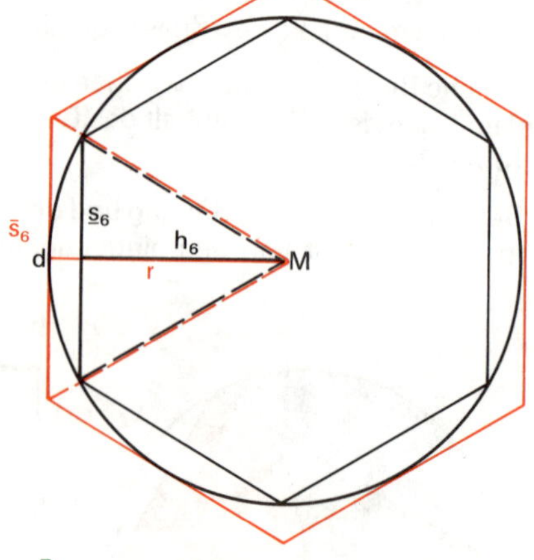

2. In nebenstehender Figur sind einem Kreis mit dem Radius r ein regelmäßiges 6-Eck mit der Seite $\underline{s}_6$ einbeschrieben und ein regelmäßiges 6-Eck mit der Seite $\bar{s}_6$ so umschrieben, daß entsprechende Seiten zueinander parallel sind.
   a) Begründe: $\bar{s}_6 = \dfrac{r \cdot \underline{s}_6}{h_6} = \dfrac{r}{\frac{1}{2}\sqrt{3}} = r \cdot \frac{2}{3}\sqrt{3}$
   °b) Berechne mit den Ergebnissen von Aufgabe 1 $\bar{s}_{12}$, $\bar{s}_{24}$, $\bar{s}_{48}$!

3. Begründe, daß man eine Intervallschachtelung für den Kreisumfang erhält, wenn man vom einbeschriebenen regelmäßigen n-Eck zum einbeschriebenen regelmäßigen 2n-Eck bzw. vom umschriebenen regelmäßigen n-Eck zum umschriebenen regelmäßigen 2n-Eck übergeht usw.!

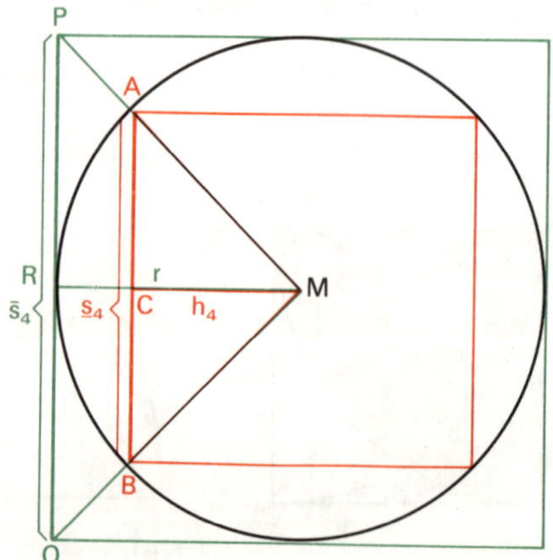

°4. In nebenstehender Figur sind einem Kreis mit dem Radius r ein regelmäßiges Viereck mit der Seite $\underline{s}_4$ einbeschrieben und ein regelmäßiges Viereck mit der Seite $\bar{s}_4$ umschrieben.
   a) Begründe:
   $$\underline{s}_4 = r\sqrt{2}; \quad h_4 = \frac{r}{2}\sqrt{2}; \quad \bar{s}_4 = 2r$$
   b) Berechne $\underline{s}_8$, $\underline{s}_{16}$, $\underline{s}_{32}$, $\underline{s}_{64}$!
   c) Berechne $\bar{s}_8$, $\bar{s}_{16}$, $\bar{s}_{32}$, $\bar{s}_{64}$!
   d) Bestimme mit den berechneten Werten eine Intervallschachtelung für $(u_{Kreis} : 2r)$!

Problematik bei näherungsweiser Berechnung von π

1. Die beiden Stäbe p und q wurden jeweils auf mm genau gemessen, d.h. sie können höchstens 0,5 mm länger oder kürzer als der angegebene Zahlenwert sein. Dies schreibt man:

   $p = (215 \pm 0{,}5)$ mm $\qquad q = (205 \pm 0{,}5)$ mm

   a) Berechne den relativen Fehler bei p und q in Prozent!

   b) Die beiden Stäbe werden aneinander gelegt. Wie lang ist $p + q$ höchstens, mindestens, im Mittel? Berechne absoluten und relativen Fehler!

   c) Wie lang ist $p - q$ höchstens, mindestens, im Mittel?
   Berechne absoluten und relativen Fehler!

   d) Welcher relative Fehler ergäbe sich bei $p - q$, wenn sich die beiden Stäbe nur um 1 mm unterscheiden würden?

2. Überträgt man das Verfahren, das wir in den voranstehenden Aufgaben beim 6-, 12-, 24- ... Eck verwendet haben, auf ein n-, 2n-, 4n- ... Eck, so ergibt sich für die unteren Schranken des Kreisumfangs folgende Formel:

   $$\underline{u}_{2n} = 2n \cdot \sqrt{2r\,(r - h_n)} \quad \text{mit} \quad h_n = \sqrt{r^2 - \left(\frac{\underline{u}_n}{2n}\right)^2}$$

   Mit diesen Formeln hat ein Computer nebenstehende Tabelle errechnet.

   a) Leite die Formeln her!

   b) Begründe, warum man mit wachsender Eckenzahl nicht einen laufend genaueren Wert für π erhält!

Eckenzahl	Umfang
4	2.8284271247
8	3.0614674589
16	3.1214451523
32	3.1365484906
64	3.1403311573
128	3.1412772502
256	3.1415138031
512	3.1415729515
1024	3.1415877503
2048	3.1415916967
4096	3.1415916967
8192	3.1415868397
16384	3.1415965537
32768	3.1415188405
65536	3.1412079683
131072	3.1399641718
262144	3.1424512725
524288	3.1224989992
1048576	3.1622776602
2097152	2.8284271247
4194304	0.0000000000
8388608	0.0000000000

Das Gregory-Verfahren

Die obigen Aufgaben zeigen, daß ein rein mathematisch mögliches Verfahren in der Rechenpraxis unbrauchbar sein kann! Schuld daran waren die Differenzen in den Iterationsformeln (vergleiche Aufgabe 1.d)!).

Die von dem englischen Mathematiker Gregory (17. Jahrhundert) angegebenen Formeln zur Berechnung der unteren bzw. oberen Schranken für den Kreisumfang enthalten keine Differenzen:

$$\underline{u}_{2n} = \sqrt{\underline{u}_n \cdot \bar{u}_{2n}} \quad \text{mit} \quad \bar{u}_{2n} = \frac{2\underline{u}_n \cdot \bar{u}_n}{\underline{u}_n + \bar{u}_n}$$

Damit läßt sich π mit Rechnergenauigkeit bestimmen.

a) Herleitung

Mit Hilfe der Zeichnung stellt man fest:

(1) $\overline{A_1B_1} = \underline{s}_n, \quad \overline{AB} = \bar{s}_n, \quad \overline{A'B'} = \bar{s}_{2n}$

(2) $\Delta AA_1A' \sim \Delta A_1T_1M$, da

$\sphericalangle AA_1A' = \sphericalangle A_1T_1M = 90°$ und

$\sphericalangle A'AA_1 = \sphericalangle T_1A_1M$ (F-Winkel)

Aus der Ähnlichkeit der Dreiecke folgt:

(3) $\overline{AA'} : \overline{A'A_1} = \overline{A_1M} : \overline{T_1M}$

Da $\overline{A_1M} = \overline{TM}$ $(= r)$ und

$\overline{TM} : \overline{T_1M} = \bar{s}_n : \underline{s}_n$, gilt für die rechte Seite von (3): $\overline{A_1M} : \overline{T_1M} = \bar{s}_n : \underline{s}_n$

Da weiter gilt: $\overline{AA'} = \frac{1}{2}(\bar{s}_n - \bar{s}_{2n})$

und $\overline{A'A_1} = \overline{A'T} = \frac{1}{2}\bar{s}_{2n}$, kann man (3) umschreiben:

(4) $\frac{1}{2}(\bar{s}_n - \bar{s}_{2n}) : \frac{1}{2}\bar{s}_{2n} = \bar{s}_n : \underline{s}_n$ bzw.

$$(\bar{s}_n - \bar{s}_{2n}) \cdot \underline{s}_n = \bar{s}_{2n} \cdot \bar{s}_n$$

$$\underline{s}_n \cdot \bar{s}_n - \underline{s}_n \cdot \bar{s}_{2n} = \bar{s}_{2n} \cdot \bar{s}_n$$

$$\underline{s}_n \cdot \bar{s}_n = \bar{s}_{2n} \cdot \bar{s}_n + \underline{s}_n \cdot \bar{s}_{2n}$$

$$\underline{s}_n \cdot \bar{s}_n = \bar{s}_{2n} \cdot (\bar{s}_n + \underline{s}_n)$$

$$\bar{s}_{2n} = \frac{\underline{s}_n \cdot \bar{s}_n}{\underline{s}_n + \bar{s}_n}$$

Multipliziert man mit 2n und erweitert die rechte Seite mit n, erhält man:

$$2n \cdot \bar{s}_{2n} = \frac{2n \cdot \underline{s}_n \cdot \bar{s}_n \cdot n}{(\underline{s}_n + \bar{s}_n) \cdot n} \quad \text{oder}$$

(5) $$\bar{u}_{2n} = \frac{2\underline{u}_n \cdot \bar{u}_n}{\underline{u}_n + \bar{u}_n}$$

Die zweite Zeichnung zeigt $\overline{A_1T} = \underline{s}_{2n}$ und

(6) $\Delta A'T_1'T \sim \Delta TT_1A_1$ wegen

$\sphericalangle A'T_1'T = \sphericalangle TT_1A_1 = 90°$

$\sphericalangle T_1'TA' = \sphericalangle T_1A_1T$ (Z-Winkel)

daher gilt:

(7) $\overline{T_1'T} : \overline{A'T} = \overline{A_1T_1} : \overline{A_1T}$ oder

$\frac{1}{2}\underline{s}_{2n} : \frac{1}{2}\bar{s}_{2n} = \frac{1}{2}\underline{s}_n : \underline{s}_{2n}$ bzw.

$\underline{s}_{2n}^2 = \frac{1}{2}\underline{s}_n \cdot \bar{s}_{2n} \quad | \cdot (2n)^2$

$(2n\,\underline{s}_{2n})^2 = n \cdot \underline{s}_n \cdot 2n \cdot \bar{s}_{2n}$

$\underline{u}_{2n}^2 = \underline{u}_n \cdot \bar{u}_{2n}$ oder

(8) $$\underline{u}_{2n} = \sqrt{\underline{u}_n \cdot \bar{u}_{2n}}$$

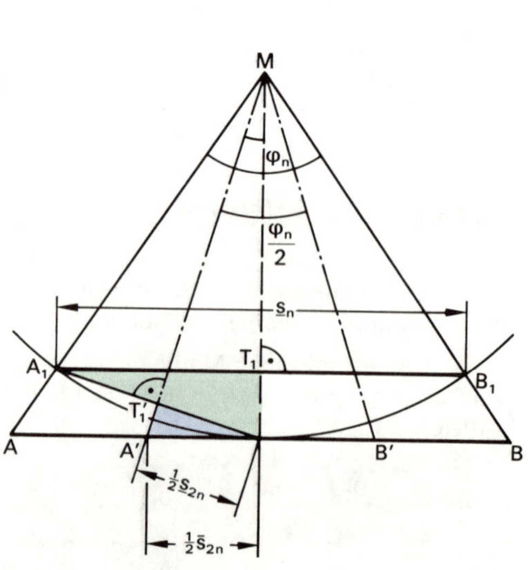

b) Anwendung

Im folgenden Computerprogramm berechnen wir eine Intervallschachtelung für den Umfang eines Kreises vom Radius 0,5, also für den Wert $u_{Kreis} = 2 \cdot 0{,}5 \cdot \pi = \pi$. Untere Intervallgrenzen sind die Umfänge $\underline{u}_n$ einbeschriebener, obere Intervallgrenzen die Umfänge $\bar{u}_n$ umschriebener regelmäßiger Vielecke, deren Eckenzahl fortlaufend verdoppelt wird.
Hierbei benützen wir die Formeln (5) und (8).

Wir beginnen mit Sechsecken, deren Umfänge sich zu $\underline{u}_6 = 3$ und $\bar{u}_6 = 2\sqrt{3}$ ergeben.

Wir wählen $\underline{u}_n$ als Näherungswert für π, sobald $\bar{u}_n - \underline{u}_n$ kleiner als 10^{-10} geworden ist.

Für die Werte von $\underline{u}_n$ verwenden wir die Variable u, für die von $\bar{u}_n$ die Variable v.

Struktogramm:

$n := 6$
$u := 3$
$v := 2\sqrt{3}$
$g := 10^{-10}$

Drucke n, u, v

Wiederhole solange $v - u \geqq g$

- $n := 2 \cdot n$
- $v := \frac{2 \cdot u \cdot v}{u + v}$
- $u := \sqrt{u \cdot v}$
- Drucke n, u, v

Drucke u

PASCAL-Programm:

```
program gregory;

var
  n,g,u,v:real;
begin
  n:=6; u:=3; v:=2*sqrt(3); g:=1E-10;
  writeln(n,u,v);
  while v-u>=g do
    begin
      n:=2*n;
      v:=(2*u*v)/(u+v); u:=sqrt(u*v);
      writeln(n,u,v);
    end;
  writeln('Näherungswert für π ist: ',u);
end.
```

Ergebnisausdruck:

```
 6.0000000000E+00 3.0000000000E+00 3.4641016151E+00
 1.2000000000E+01 3.1058285412E+00 3.2153903092E+00
 2.4000000000E+01 3.1326286133E+00 3.1596599421E+00
 4.8000000000E+01 3.1393502030E+00 3.1460862151E+00
 9.6000000000E+01 3.1410319509E+00 3.1427145996E+00
 1.9200000000E+02 3.1414524723E+00 3.1418730500E+00
 3.8400000000E+02 3.1415576079E+00 3.1416627470E+00
 7.6800000000E+02 3.1415838921E+00 3.1416101766E+00
 1.5360000000E+03 3.1415904632E+00 3.1415970343E+00
 3.0720000000E+03 3.1415921060E+00 3.1415937487E+00
 6.1440000000E+03 3.1415925167E+00 3.1415929273E+00
 1.2288000000E+04 3.1415926193E+00 3.1415927220E+00
 2.4576000000E+04 3.1415926450E+00 3.1415926707E+00
 4.9152000000E+04 3.1415926514E+00 3.1415926578E+00
 9.8304000000E+04 3.1415926530E+00 3.1415926546E+00
 1.9660800000E+05 3.1415926534E+00 3.1415926538E+00
 3.9321600000E+05 3.1415926535E+00 3.1415926536E+00
 7.8643200000E+05 3.1415926535E+00 3.1415926535E+00
Näherungswert für π ist:  3.1415926535E+00
```

18. LERNEINHEIT: TRIGONOMETRISCHE FUNKTIONEN

Das Bogenmaß

1. Definition

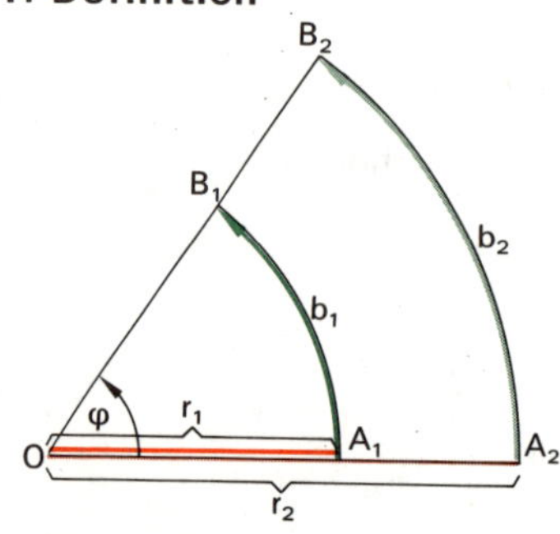

Aus der Ähnlichkeit der Kreissektoren OA_1B_1 und OA_2B_2 folgt:
Das Verhältnis von Bogenlänge und zugehörigem Radius bei festem Mittelpunktswinkel ist konstant.
Da dieser Quotient eindeutig nur vom Mittelpunktswinkel abhängt (und umgekehrt), läßt sich der Winkel mit Hilfe des Quotientenwertes beschreiben. Man definiert:

Der Quotient aus Bogenlänge b und zugehörigem Radius r heißt
Bogenmaß x des Winkels: $x = \frac{b}{r}$

Beachte: Das Bogenmaß x ist als Quotient zweier Längen eine unbenannte Zahl.

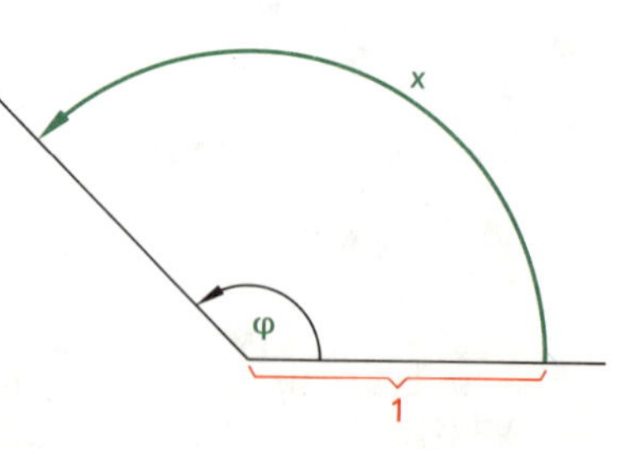

Besonders anschauliche Bedeutung gewinnt das Bogenmaß x für r = 1 LE:

$x = \frac{b}{1\,\text{LE}}$ ist die Maßzahl der Bogenlänge eines Sektors im Einheitskreis.

2. Zusammenhang zwischen Bogenmaß und Gradmaß

Setzt man die Formel für die Bogenlänge $b = \frac{\varphi}{180°} \cdot r \cdot \pi$ mit dem Gradmaß φ in die Formel für das Bogenmaß $x = \frac{b}{r}$ ein, so erhält man:

$x = \frac{\varphi}{180°} \cdot \pi$ bzw. (aufgelöst nach φ) $\varphi = \frac{x}{\pi} \cdot 180°$

Beachte: Bogenmaße bezeichnen wir mit kleinen lateinischen Buchstaben, Gradmaße mit kleinen griechischen Buchstaben.

3. Beispiele

a) Berechnung des Bogenmaßes

$\varphi = 30° \Rightarrow x = \frac{30°}{180°}\pi = \underline{\underline{\frac{\pi}{6}}}$ $(\approx 0{,}52)$; $\varphi = -103° \Rightarrow x = \frac{-103°}{180°}\pi \approx \underline{\underline{-1{,}80}}$

b) Berechnung des Gradmaßes

$$x = \frac{\pi}{8} \Rightarrow \varphi = \frac{\frac{\pi}{8} \cdot 180°}{\pi} = \frac{180°}{8} = \underline{\underline{22{,}5°}} \quad ; \quad x = -2 \Rightarrow \varphi = \frac{-2 \cdot 180°}{\pi} \underline{\underline{\approx -114{,}6°}}$$

---

1. a) Berechne zum Mittelpunktswinkel $\varphi = 20°$ (100°) die jeweilige Bogenlänge des zugehörigen Kreissektors, wenn $r_1 = 2$ cm; $r_2 = 5$ cm; $r_3 = 10$ cm!
   b) Welche Abhängigkeit liegt vor zwischen
   - Bogenlänge b und Radius r bei konstantem Winkel φ,
   - Radius r und Winkel φ bei konstanter Bogenlänge b,
   - Bogenlänge b und Winkel φ bei konstantem Radius r?

2. Jedem Winkel φ läßt sich eindeutig sein Bogenmaß x zuordnen. Stelle die Funktionsgleichung auf und zeichne den Graphen für $\varphi \in [-360°; 360°]$!

3. Welches Bogenmaß hat der Winkel 1°? Wieviel Grad hat ein Winkel mit dem Bogenmaß 1?

4. Berechne für die Winkel mit dem Gradmaß φ jeweils das Bogenmaß x!
   a) $\varphi = 40°$ (90°; 200°; 400°; −30°; −500°)
   °b) $\varphi = 22{,}5°$ (−60°; 75°; 240°; 303°; −270°)

5. Berechne zum Bogenmaß x jeweils das Gradmaß φ!
   a) $x = 2{,}5$ ($\frac{3}{8}\pi$; $\frac{11}{6}\pi$; −7; 80) °b) $x = 0{,}1$ ($\frac{7}{4}\pi$; $-\frac{\pi}{9}$; 3π; −25)

6. Übertrage folgende Tabelle in dein Heft und ergänze!

a)

φ	315°	?	−600°	?	7,5°
x	?	−1	?	$\frac{11}{12}\pi$	?

°b)

x	0	?	100	?	-4π	?
φ	?	80°	?	0°	?	30°

7. Stelle für die gegebenen Winkel mit dem Gradmaß φ jeweils sin φ, das Bogenmaß x und tan φ in einer Tabelle dar (3D)! $\varphi = 10°$ (15°; 30°; 45°; 50°; 60°; 70°; 3°; 1°; 0,5°)
   a) Welche Größenbeziehung besteht jeweils zwischen sin φ, x, tan φ für $0° < \varphi < 90°$?
   b) Bestätige die Vermutung von Aufgabe a) am Einheitskreis!
   c) Für welche Winkel stimmen x und sin φ bzw. tan φ bei Rundung auf 2D überein?

8. Beweise die nebenstehenden einfachen Formeln für Bogenlänge b und Flächeninhalt A eines Kreissektors mit dem Mittelpunktswinkel x und dem Radius r!

$$b = r \cdot x \qquad A = \frac{r^2}{2} \cdot x$$

9. Berechne die fehlenden Größen folgender Kreissektoren:

	a)	b)	c)	°d)	°e)	°f)
Mittelpunktswinkel x	$\frac{\pi}{2}$	$\frac{5}{6}\pi$	1	?	?	?
Radius r	3 m	1,15	1 m	$\sqrt{\pi}$	1 m	?
Flächeninhalt A	7,07?	1,73	1/2?	10 m²	?	π m²
Bogenlänge	4,71?	3 m	1 ?	?	1 m	π m

Die Sinus- und die Kosinusfunktion

1. Sinus und Kosinus von reellen Zahlen

Jede reelle Zahl kann man als Bogenmaß genau eines Winkels interpretieren. Damit erhalten Sinus- und Kosinuswerte von reellen Zahlen einen Sinn:

Es gilt z. B.: $\sin\frac{\pi}{4} = \sin 45° = \frac{1}{2}\sqrt{2}$; $\cos(-1) = \cos(-57{,}295\ldots°) = 0{,}540\ldots$

Beachte den Unterschied zwischen sin 45 und sin 45°! Taschenrechner und Computer müssen jeweils auf das verwendete Winkelmaß eingestellt werden. Im allgemeinen ist das Zeichen für Einstellung auf das Gradmaß „DEG" (engl. degree), auf das Bogenmaß „RAD".

2. Die Sinusfunktion

Da jeder reellen Zahl genau ein Sinuswert zugeordnet werden kann, ist die Zuordnung $x \mapsto \sin x$ eine Funktion. Der Graph dieser *Sinusfunktion* $f: x \mapsto y = \sin x;\quad x \in \mathbb{R}$ läßt sich auf einfache Weise aus dem Einheitskreis gewinnen:

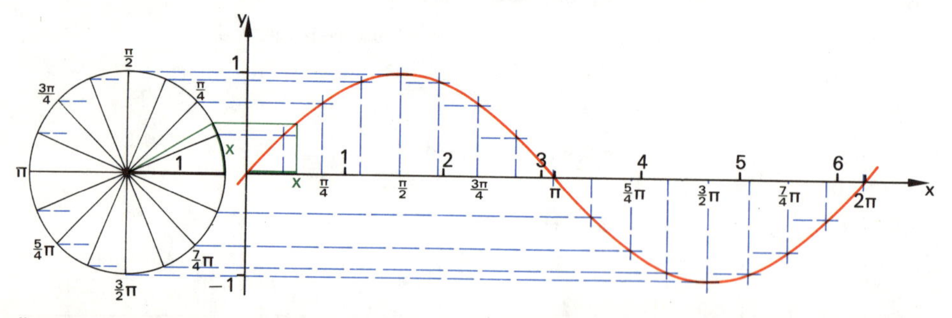

Über einen größeren Bereich gezeichnet, sieht der Graph der Sinusfunktion so aus:

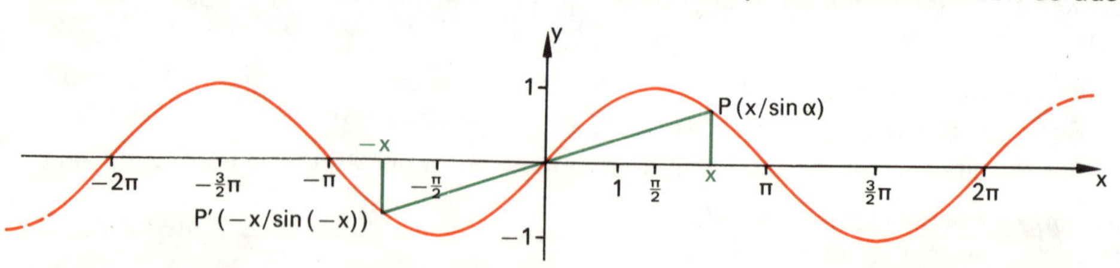

Die Eigenschaften der Sinusfunktion erkennen wir aus Definition und Graph:

Die Wertemenge der Sinusfunktion ist $W = [-1; 1]$.

$\sin(x + k \cdot 2\pi) = \sin x$ für alle $k \in \mathbb{Z}$, d. h.:
Vergrößert oder verkleinert man x um Vielfache von 2π, so ergeben sich immer wieder die gleichen Funktionswerte. Man sagt:
Die Sinusfunktion hat die Periode 2π.

Der Graph ist punktsymmetrisch bezüglich des Ursprungs. Es gilt:
$\sin(-x) = -\sin x$

3. Die Kosinusfunktion

Den Graphen der *Kosinusfunktion* $f: x \mapsto \cos x;\ x \in \mathbb{R}$ kann man ebenfalls durch Übertragen der Werte vom Einheitskreis in das Koordinatensystem erhalten.

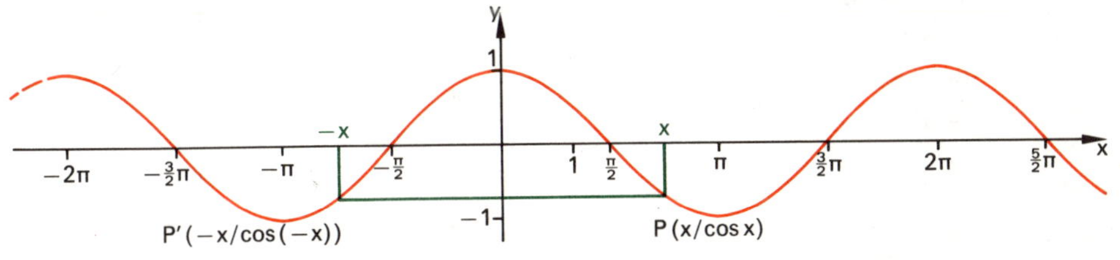

Eigenschaften der Kosinusfunktion:

> Die Wertemenge der Kosinusfunktion ist $W = [-1; 1]$.
>
> $\cos(x + k \cdot 2\pi) = \cos x$ für alle $k \in \mathbb{Z}$, d.h.:
> Auch die Kosinusfunktion hat die Periode 2π.
>
> Der Graph ist symmetrisch bezüglich der y-Achse. Es gilt: $\cos(-x) = \cos x$

4. Periode und Graph

Der Graph einer Funktion mit der Periode a kann aus lauter kongruenten Stücken der „Länge" a zusammengesetzt werden.

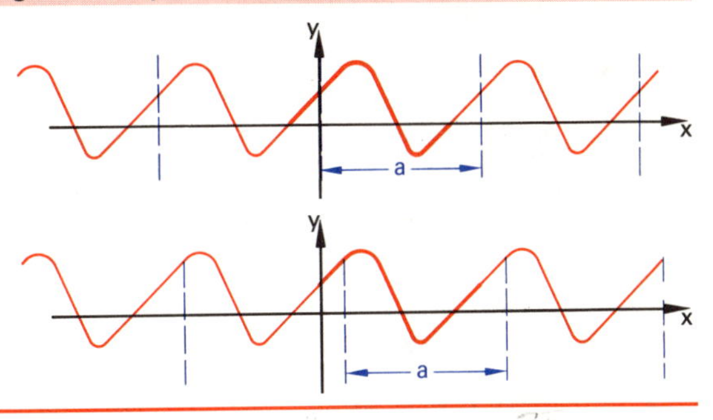

1. a) Berechne die Werte von $\sin x$ für $x = k \cdot \frac{\pi}{6}$ mit $k = -6; -5; \ldots; 11; 12$ (Tabelle)! Zeichne die so erhaltenen Punkte in ein Koordinatensystem und verbinde sie durch eine möglichst glatte Kurve! (Vereinfachung: $\pi \mathrel{\hat=} 3$ cm auf der x-Achse)
   b) Gib die Wertemenge *W* der Funktion an!
   c) Für welche x-Werte werden die Funktionswerte maximal bzw. minimal?
   d) Für welche x-Werte gilt $\sin x = 0$?
   e) Zeigt der Graph Symmetrie?
   f) Welche Verschiebungen bilden den Graphen auf sich selbst ab? ($x \in \mathbb{R}$)

°2. Verfahre genau wie bei Aufgabe 1 für die Kosinusfunktion!

3. Zeichne die Graphen der durch die folgenden Gleichungen gegebenen Funktionen für $-2\pi \leqq x \leqq 2\pi$ (Schablone!). Gib Wertemenge, Symmetrieeigenschaft und Periode an!

a) $y = 1 + \sin x$	e) $y = \sin\lvert x\rvert$	°i) $y = -\cos x$	°n) $y = \cos\lvert x\rvert$
b) $y = -\sin x$	f) $y = 1 - \sin\lvert x\rvert$	°k) $y = 1 - \cos x$	°o) $y = 1 + \cos\lvert x\rvert$
c) $y = \sin(-x)$	g) $y = 1 - \lvert\sin x\rvert$	°l) $y = \cos(-x)$	°p) $y = 1 + \lvert\cos x\rvert$
d) $y = \lvert\sin x\rvert$	h) $y = \sin(x - \frac{\pi}{2})$	°m) $y = \lvert\cos x\rvert$	°q) $y = \cos(x + \frac{\pi}{2})$

4. Skizziere periodische Funktionsgraphen!

Zusammenhänge zwischen Sinus- und Kosinusfunktion[1]

1. Komplementärformeln

Dreht man die Einheitskreisfigur zum Winkel φ um 90° (Linksdrehung!), so erkennt man beim Vergleich von Bild und Urbild:
$\sin(\varphi + 90°) = \cos\varphi$
bzw. im Bogenmaß:

$$\sin\left(x + \frac{\pi}{2}\right) = \cos x$$

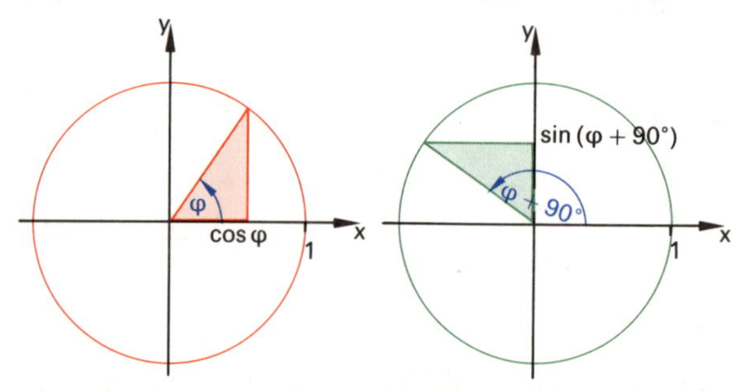

Dies gilt für alle Winkel. Das bedeutet:
„Der Kosinus hat denselben Wert wie der Sinus $\frac{\pi}{2}$ weiter rechts" oder:
„Die Kosinuskurve entsteht durch Verschiebung der Sinuskurve um $\frac{\pi}{2}$ nach links."

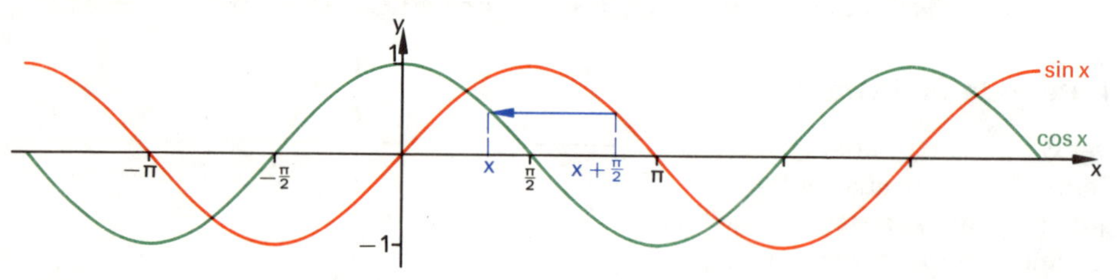

Setzt man in $\sin(z + \frac{\pi}{2}) = \cos z$

a) $z = x - \frac{\pi}{2}$, so erhält man die Formel: $\cos(x - \frac{\pi}{2}) = \sin x \quad (x \in \mathbb{R})$

und unter Beachtung von $\cos x = \cos(-x)$: $\cos(\frac{\pi}{2} - x) = \sin x \quad (x \in \mathbb{R})$

b) $z = -x$, so erhält man mit $\cos x = \cos(-x)$: $\sin(\frac{\pi}{2} - x) = \cos x \quad (x \in \mathbb{R})$

Beispiele: $\sin\frac{5}{3}\pi = \cos(\frac{\pi}{2} - \frac{5}{3}\pi) = \cos(-\frac{7}{6}\pi) = \cos\frac{7}{6}\pi$

$\cos\frac{\pi}{3} = \sin(\frac{\pi}{2} - \frac{\pi}{3}) = \sin\frac{\pi}{6}$

2. „Trigonometrischer Pythagoras"

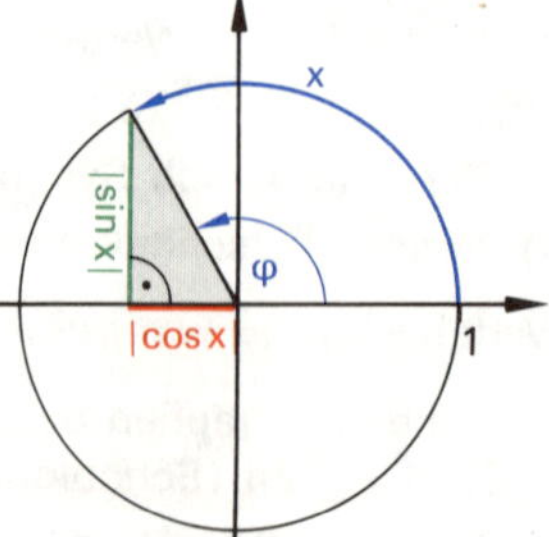

In der Einheitskreisfigur zu jedem Winkel x finden wir das rechtwinklige Dreieck mit Katheten der Längen $|\sin x|$ und $|\cos x|$ und der Hypotenuse der Länge 1 LE.

Deshalb gilt: $\sin^2 x + \cos^2 x = 1; \quad x \in \mathbb{R}$

Mit dieser Beziehung kann man z.B. $|\sin x|$ berechnen, wenn $\cos x$ gegeben ist. Dabei braucht x selbst nicht bestimmt zu werden.

Beispiel: $\cos x = \frac{4}{5} \Rightarrow \sin^2 x + (\frac{4}{5})^2 = 1 \Rightarrow \sin^2 x = 1 - \frac{16}{25} \Rightarrow \sin^2 x = \frac{9}{25}$

$\Rightarrow |\sin x| = \frac{3}{5}$, d.h. $\underline{\underline{\sin x = \frac{3}{5} \text{ oder } \sin x = -\frac{3}{5}}}$

1. Zeige am Einheitskreis für $\alpha = 20°, 110°, 200°, 320°$:
   a) $\sin(\alpha + 90°) = \cos\alpha$ b) $\cos(\alpha + 90°) = -\sin\alpha$
2. a) Zeige allgemein: Ist $P(x/y)$ ein Punkt auf dem Einheitskreis, dann gilt für die Koordinaten seines Bildpunktes $P'(x'/y')$ bei einer 90°-Drehung (Linksdrehung!) um den Ursprung $y' = x$ und $x' = -y$.
   b) Welcher Zusammenhang besteht zwischen den Winkeln φ zwischen der positiven x-Achse und [OP und φ' zwischen der positiven x-Achse und [OP'?
   c) Begründe mit den Ergebnissen von a) und b):
   (1) $\sin(x + \frac{\pi}{2}) = \cos x$ (3) $\sin(x - \frac{\pi}{2}) = -\cos x$ °(5) $\sin(\frac{\pi}{2} - x) = \cos x$
   (2) $\cos(x + \frac{\pi}{2}) = -\sin x$ °(4) $\cos(x - \frac{\pi}{2}) = \sin x$ °(6) $\cos(\frac{\pi}{2} - x) = \sin x$
3. Zeichne für $x \in [-2\pi; 2\pi]$ die Graphen der Funktionen mit den Gleichungen
   a) $y = \cos x$ und $y = \cos(\frac{\pi}{2} - x)$ °b) $y = \sin x$ und $y = \sin(\frac{\pi}{2} - x)$!
   Durch welche Abbildung läßt sich jeweils der Graph der erstgenannten Funktion auf den Graphen der zweiten Funktion abbilden?
4. Stelle die folgenden Kosinuswerte als Sinuswerte dar!
   a) $\cos\frac{\pi}{6}$ °b) $\cos\frac{\pi}{4}$ c) $\cos\frac{9}{4}\pi$ °d) $\cos 1$ °e) $\cos(-\pi)$ f) $\cos(-5)$
   Schreibe die entstandenen Gleichungen auch im Gradmaß!
5. Stelle die folgenden Sinuswerte als Kosinuswerte dar!
   a) $\sin\frac{\pi}{3}$ b) $\sin\frac{7}{6}\pi$ °c) $\sin\frac{6}{7}\pi$ d) $\sin 2$ e) $\sin(-\frac{\pi}{2})$ °f) $\sin(-3)$
   Schreibe die entstandenen Gleichungen auch im Gradmaß!
6. Bestimme $a = \sin x$ und $b = \cos x$ für $x \in \{\frac{\pi}{4}; -\frac{\pi}{3}; 2; -9; \frac{3}{2}\pi\}$ und berechne $a^2 + b^2$! Begründe, warum diese früher für spitze Winkel gefundene Formel für alle $x \in \mathbb{R}$ gilt!
7. Drücke mit Hilfe des „trigonometrischen Pythagoras" $\sin x$ durch $\cos x$ aus, wenn
   a) $x \in [0; \pi]$ b) $x \in [\pi; 2\pi]$! Beachte besonders die Fälle $x = k\frac{\pi}{2}, k \in \mathbb{Z}$!
8. Drücke mit Hilfe des „trigonometrischen Pythagoras" $\cos x$ durch $\sin x$ aus, wenn
   a) $x \in [0; \frac{\pi}{2}]$ b) $x \in [\frac{\pi}{2}; \frac{3}{2}\pi]$ c) $x \in [\frac{3}{2}\pi; 2\pi]$!
9. Wie groß ist $\sin x$, wenn
   a) $\cos x = \frac{4}{5}$ und $x \in [0; \frac{\pi}{2}]$ c) $\cos x = -\frac{1}{2}$ und $x \in [0; 2\pi]$
   °b) $\cos x = -\frac{15}{17}$ und $x \in [\frac{\pi}{2}; \pi]$ °d) $\cos x = \frac{12}{13}$ und $x \in [-\pi; \pi]$?
   Veranschauliche deine Lösung an den Graphen der Sinus- und Kosinusfunktion!
10. Wie groß ist $\cos x$, wenn
   a) $\sin x = 0{,}6$ und $x \in [\frac{\pi}{2}; \pi]$ c) $\sin x = \frac{1}{2}\sqrt{3}$ und $x \in [0; 2\pi]$
   °b) $\sin x = -\frac{8}{17}$ und $x \in [\frac{3}{2}\pi; 2\pi]$ °d) $\sin x = -\frac{5}{13}$ und $x \in [-2\pi; \pi]$?
11. Lies aus den Graphen ab: Für welche $x \in \mathbb{R}$ ist $\sin x = \cos x$?
   Überprüfe dies am Einheitskreis!
12. Gib (1) für $x \in [0; 2\pi[$, (2) in allgemeiner Form die Zahlen $x \in \mathbb{R}$ an, für die
   a) $\sin x = 0$ c) $\sin x = 1$ e) $\sin x = -1$
   °b) $\cos x = 0$ °d) $\cos x = 1$ °f) $\cos x = -1$!

[1] Winkel, die sich zu 90° oder $\frac{\pi}{2}$ ergänzen, heißen *Komplementärwinkel*. Die Komplementärformeln machen Aussagen über solche Winkel.

Die Tangensfunktion

1. Definitionsmenge

Für spitze Winkel φ wurde früher schon definiert: $\tan\varphi = \frac{\sin\varphi}{\cos\varphi}$.

Nach der Erweiterung auf beliebige Winkel und mit Hilfe des Bogenmaßes erhält man entsprechend zur Sinus- und Kosinusfunktion die Tangensfunktion:

$x \mapsto \tan x = \frac{\sin x}{\cos x}; \quad x \in D$

Da hier der Nenner $\cos x$ auftritt, müssen in einer Definitionsmenge D diejenigen Werte von x ausgeschlossen werden, für welche $\cos x = 0$ wird (*Definitionslücken*). Das sind die Werte $\pm\frac{\pi}{2}$; $\pm\frac{3}{2}\pi$; $\pm\frac{5}{2}\pi$ ...

Tangensfunktion: $x \mapsto \tan x; \quad D = \mathbb{R} \setminus \{x \mid x = (k + \frac{1}{2}) \cdot \pi,\ k \in \mathbb{Z}\}$

2. Der Graph der Tangensfunktion

Es gilt: $\tan(-x) = \frac{\sin(-x)}{\cos(-x)} = \frac{-\sin x}{\cos x} = -\tan x$

Der Graph der Tangensfunktion ist somit punktsymmetrisch bezüglich des Ursprungs. Daher genügt es, die Tangensfunktion für $x \geqq 0$ zu untersuchen.

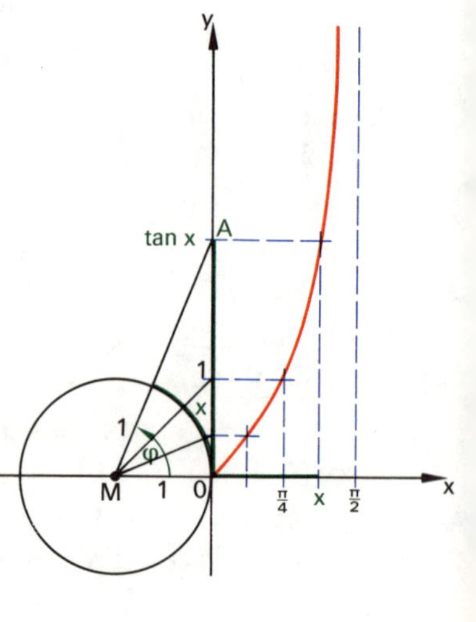

a) $x \in [0; \frac{\pi}{2}[$

Im ΔMOA hat die Ankathete [MO] von φ die Längenmaßzahl 1. Also hat die Gegenkathete [OA] die Längenmaßzahl $\tan\varphi$ bzw. $\tan x$.
Man erkennt: Nähert sich x dem Wert $\frac{\pi}{2}$, dann strebt $\tan x$ *„gegen unendlich"* (∞). Aufgrund der oben erkannten Symmetrie gilt: $W = \mathbb{R}$.

b) $x \in D = \mathbb{R} \setminus \{x \mid x = (k + \frac{1}{2})\pi,\ k \in \mathbb{Z}\}$

Aus den Regeln für Sinus und Kosinus ergibt sich der weitere Verlauf des Graphen:

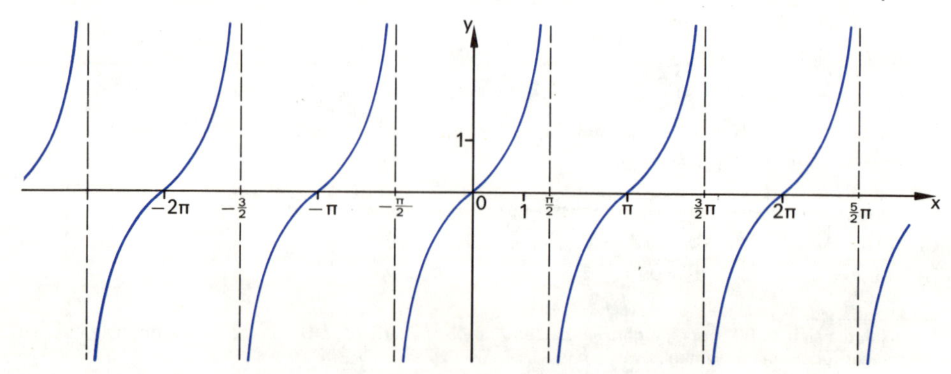

Zusammenfassung der Eigenschaften der Tangensfunktion:

Die Tangensfunktion hat die Definitionslücken $x = (k + \frac{1}{2}) \cdot \pi$, $k \in \mathbb{Z}$.

Die Wertemenge ist $W = \mathbb{R}$.

An den Definitionslücken „springen" die Funktionswerte „von $+\infty$ nach $-\infty$".

Die Tangensfunktion hat die Periode π, d.h.: $\tan(x + k\pi) = \tan x$, $k \in \mathbb{Z}$.

$\tan(-x) = -\tan x$, d.h.:
Der Graph ist punktsymmetrisch bezüglich des Ursprungs.

---

1. a) Berechne, falls möglich, die Funktionswerte von

   $\tan x = \dfrac{\sin x}{\cos x}$ für $x = k \cdot \frac{\pi}{6}$ mit $k \in \{-12; -11; -10; \ldots 11; 12\}$ (Tabelle!)

   Zeichne die so erhaltenen Punkte in ein Koordinatensystem ($\pi \mathrel{\hat=} 3$ cm) und zeichne den Graphen!
   (Vorsicht an den Definitionslücken! Vergleiche mit dem Graphen von $y = \frac{1}{x}$!)

   b) Gib die Wertemenge *W* der Funktion an!

   c) Gib die Nullstellen der Funktion an!

   d) Zeigt der Graph Symmetrie?

   e) Welche Verschiebungen bilden den Graph der Tangensfunktion mit $x \in \mathbb{R}$ auf sich selbst ab?

2. Zeige: $\tan(x + \pi) = \tan x$ für alle $x \in \mathbb{R}$
   Benutze die Eigenschaften der Sinus- und Kosinusfunktion!

3. Untersuche das Verhalten der Tangensfunktion in der Umgebung der Definitionslücken! ($\tan 89°$; $\tan 89{,}9°$; $\tan 89{,}99°$; ... sowie $\tan 91°$; $\tan 90{,}1°$; $\tan 90{,}01°$; ...; Gib diese Winkel auch im Bogenmaß an!)

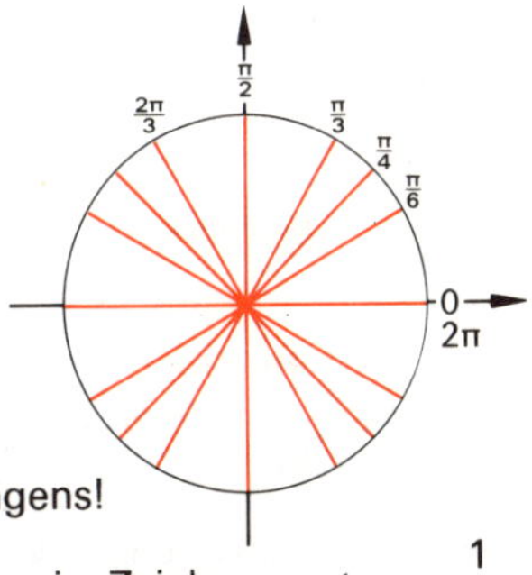

4. Stelle mit den besonderen Werten (siehe Abbildung) $x = 0;\ \frac{\pi}{6};\ \frac{\pi}{4};\ \frac{\pi}{3};\ \frac{\pi}{2}\,(!);\ \frac{2\pi}{3};\ \ldots;\ 2\pi$ ohne Verwendung des Taschenrechners eine Tabelle für $\tan x$ auf!

°5. a) Verfahre genau wie bei Aufgabe 1 für die Funktion

   $y = \dfrac{1}{\tan x} = \dfrac{\cos x}{\sin x}$!

   b) Vergleiche den Graphen von $y = \dfrac{1}{\tan x}$ mit dem des Tangens!

   c) Den Kehrwert des Tangens nennt man auch *Kotangens*, in Zeichen: $\cot x = \dfrac{1}{\tan x}$
   Welches Seitenverhältnis im rechtwinkligen Dreieck stellt er dar?

6. Zeichne die Graphen der durch die folgenden Gleichungen gegebenen Funktionen für $-2\pi \leqq x \leqq 2\pi$! Gib ihre Wertemenge an, untersuche sie auf Symmetrie und gib ihren periodischen Verlauf an!

   a) $y = |\tan x|$ °b) $y = \tan|x|$ c) $y = \tan(\frac{\pi}{2} - x)$ °d) $y = \tan(\frac{\pi}{2} + x)$

Der Graph der Funktion $f: x \mapsto y = a \cdot \sin(bx + c);\quad x \in \mathbb{R}$

1. Die Funktion mit der Gleichung $y = a \cdot \sin x$

Die Funktionswerte dieser Funktion ergeben sich aus den Funktionswerten der Sinusfunktion durch Multiplikation mit a.
Im Gegensatz zur Sinusfunktion mit $W = [-1; 1]$ erhalten wir hier $W = [-|a|; |a|]$.

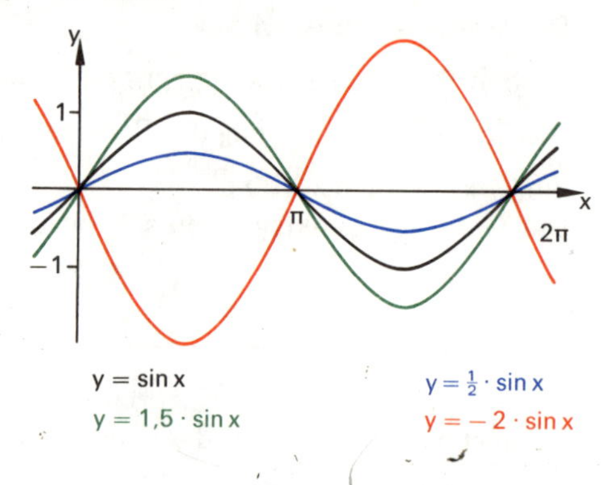

2. Die Funktion mit der Gleichung $y = \sin(b \cdot x)$

Vereinbarung: Statt $\sin(2 \cdot x)$ schreiben wir einfacher $\sin 2x$.

Der Term $\sin 2x$ hat schon an der Stelle x den Wert, welchen $\sin x$ erst in der doppelten Entfernung vom Ursprung erreicht: Die Sinuskurve wird längs der x-Achse auf die Hälfte gestaucht. Allgemein: Für $|b| > 1$ ergibt sich eine Stauchung, für $0 < |b| < 1$ eine Streckung der Sinuskurve längs der x-Achse um den Faktor $\frac{1}{b}$. Die Periode beträgt dadurch $\frac{2\pi}{|b|}$. Beachte: Für $b < 0$ ist $\sin bx = \sin(-|b| \cdot x) = -\sin(|b| \cdot x)$.
Die Wertemenge ist die der Sinusfunktion, also $W = [-1; 1]$.

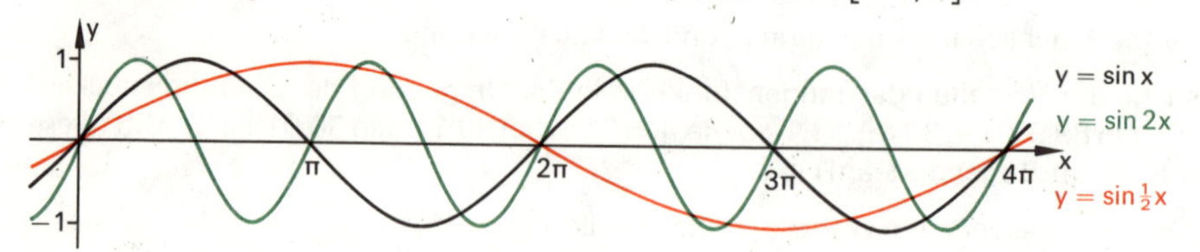

3. Die Funktion mit der Gleichung $y = \sin(x + c)$

Der Term $\sin(x + 1)$ hat bereits an der Stelle s den Wert, den $\sin x$ erst an der Stelle $s + 1$ erreicht: Die Sinuskurve wird längs der x-Achse um 1 nach links verschoben. Allgemein: Für $c > 0$ wird die Sinuskurve um c nach links und für $c < 0$ um $|c|$ nach rechts verschoben. Die Periode bleibt unverändert 2π.

Die Wertemenge bleibt wiederum $W = [-1; 1]$.

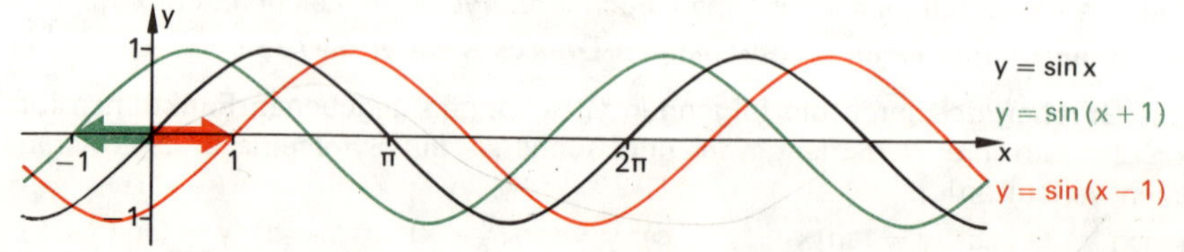

4. Die Funktion mit der Gleichung $y = a \cdot \sin(bx + c)$

Um den Graphen dieser Funktion aus den vorhergehenden Fällen herzuleiten, formen wir den Funktionsterm durch Ausklammern von b um: $y = a \cdot \sin\left[b \cdot \left(x + \frac{c}{b}\right)\right]$

Beispiel: $a = 1{,}5$; $b = 2$; $c = \pi$: $y = 1{,}5 \sin(2x + \pi) = 1{,}5 \sin 2\left(x + \frac{\pi}{2}\right)$

Den Graphen der Funktion erhalten wir in drei Schritten aus der Sinuskurve:

a) Streckung längs der y-Achse mit dem Faktor 1,5:

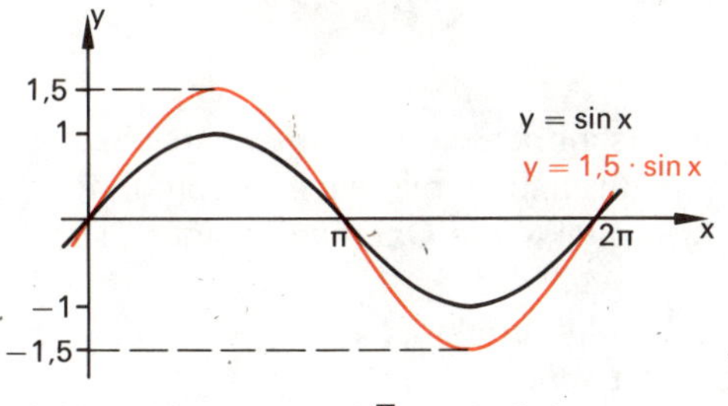

b) Stauchung längs der x-Achse auf die Hälfte:

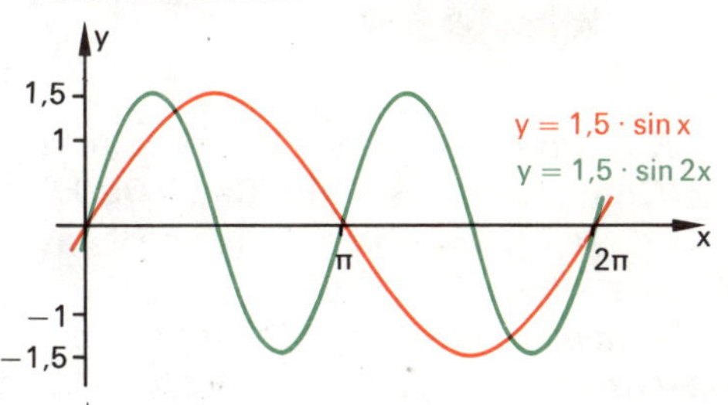

c) Verschiebung um $\frac{\pi}{2}$ nach links:

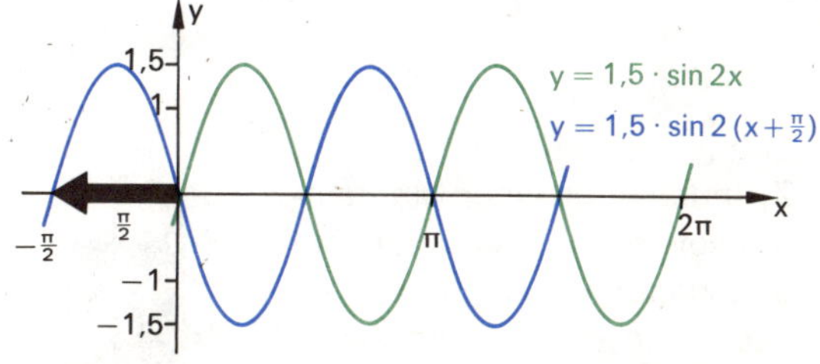

Aufgaben 1, 2, 3: Zeichne die Graphen der Funktionen mit den gegebenen Funktionsgleichungen *jeweils in ein* Koordinatensystem (Wertetabelle!). Wie lassen sich diese Graphen aus der Sinuskurve gewinnen? Gib jeweils ihre Periode an!

1. a) $y = \sin x$ b) $y = 2 \cdot \sin x$ °c) $y = 0{,}5 \cdot \sin x$ d) $y = -3 \cdot \sin x$ °e) $y = -\frac{1}{2}\sin x$
2. a) $y = \sin 4x$ b) $y = \sin 2x$ °c) $y = \sin 0{,}5x$ d) $y = \sin(-x)$ °e) $y = \sin\left(-\frac{1}{3}x\right)$
3. $y = \sin(x + c)$ für $c \in \{0;\ 2;\ -3;\ -\pi;\ \frac{\pi}{2};\ \pi\}$

Aufgaben 4, 5, 6: Zeichne die Graphen, ausgehend von der Sinuskurve!

4. a) $y = 2 \sin 2x$ °b) $y = 3 \sin 0{,}5x$ °c) $y = -2 \sin 3x$ d) $y = \frac{1}{2}\sin(-2x)$
5. a) $y = \sin 2(x - 1)$ c) $y = -2\sin(2 - 2x)$ e) $y = 0{,}5\sin\left(2x - \frac{\pi}{2}\right)$
   b) $y = 3\sin 2(x - 1)$ d) $y = 2\sin(3x + \pi)$ f) $y = -2{,}5\sin(2x + \pi)$
°6. a) $y = 2\cos x$ c) $y = \cos\frac{x}{2}$ e) $y = 3\cos 2(x - 1)$
   b) $y = \cos(x - 4)$ d) $y = \cos(-2x)$ f) $y = \cos(1 - x)$
7. Eine Funktion mit einer Gleichung der Form $y = a \sin(bx + c)$ hat die angegebenen Eigenschaften. Bestimme eine mögliche Funktionsgleichung und zeichne den Graphen!
   a) $W = [-1; 1]$, $y = 0$ für $x = -2$, Periode 2π
   b) $W = [-4; 4]$, $y = 0$ für $x = \pi + 1$, Periode π
   °c) $W = [-0{,}5; 0{,}5]$, $y = 0$ für $x = 3$, Periode $\frac{\pi}{2}$

19. LERNEINHEIT: ZYLINDER – KEGEL – KUGEL

Der gerade Zylinder

1. Definition

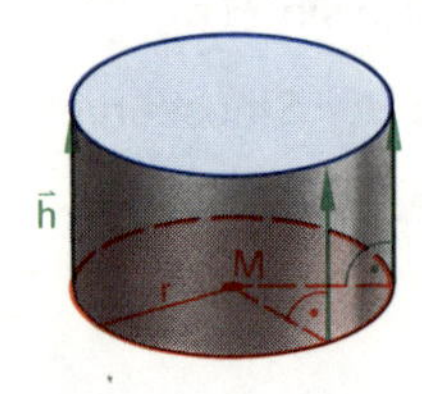

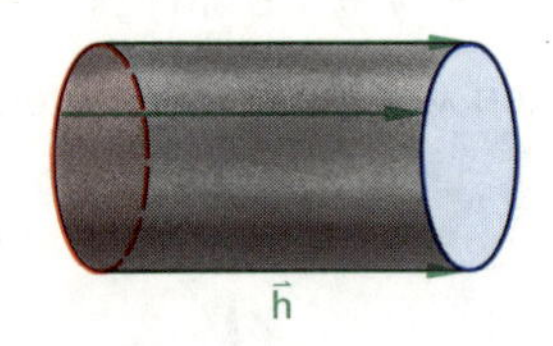

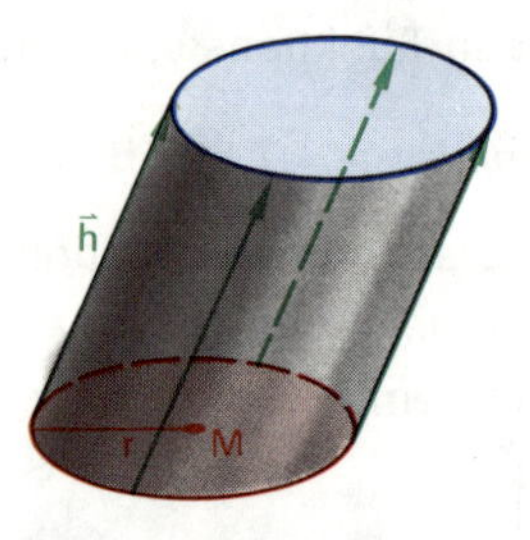

Wird ein Kreis um den Vektor $\vec{h}$ im Raum verschoben, so bilden die Kreisfläche (Grundfläche) und ihr Bild (Deckfläche) zusammen mit allen Verbindungsstrecken (*Mantellinien*) entsprechender Kreispunkte die Oberfläche eines *Zylinders*.
Stehen die Verbindungsstrecken entsprechender Punkte auf der Grundfläche senkrecht, so heißt der Zylinder *gerade*, sonst *schief*.

2. Netz

Schneidet man einen geraden Zylinder längs einer Mantellinie sowie der Kreislinien auf und klappt alle Begrenzungsflächen in die Zeichenebene, so erhält man das *Netz* des Zylinders. Der Mantel geht dabei in ein Rechteck über.

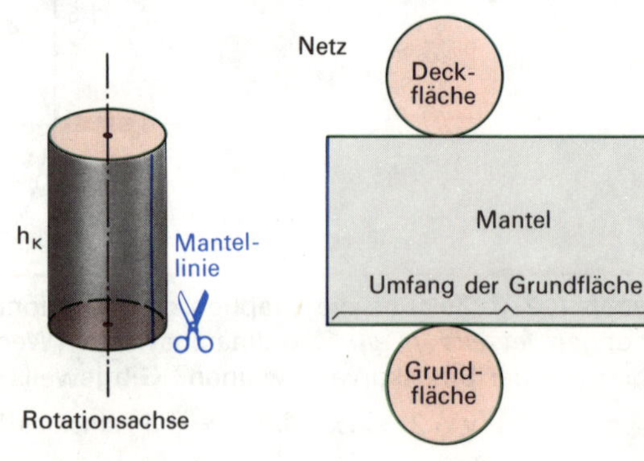

3. Mantel, Oberfläche und Volumen

a) Da der Mantel im Netz die Form eines Rechteckes hat, ergibt sich sein Flächeninhalt M zu:

$$M_{Zylinder} = 2r\pi \cdot h_K$$

b) Die Oberfläche O des Zylinders ist die Summe der Inhalte von Grundfläche, Deckfläche und Mantel:

$$O_{Zylinder} = 2 \cdot r^2\pi + 2r\pi \cdot h_K$$

c) Wenn man in einem geraden Prisma mit einem regulären n-Eck als Grundfläche die Anzahl der Ecken unbegrenzt wachsen läßt, dann nähert sich seine Form immer mehr der Form eines Zylinders: Daher kann man das Zylindervolumen mit der Volumenformel für das Prisma berechnen:

$$V_{Zylinder} = G_{Zylinder} \cdot h_K = r^2\pi \cdot h_K$$

1. Das Rechteck ABM_1M_2 rotiert um die Achse $M_1M_2 = a$.
   a) Welche Fläche erzeugt $[BM_1]$ und welche Bedeutung hat $\overline{BM_1}$?
   b) Welche Fläche erzeugt $[AM_2]$ und welche Bedeutung hat $\overline{AM_2}$?
   c) Welche Fläche erzeugt $[AB]$ und welche Bedeutung hat $\overline{AB}$?
   d) Welchen Körper begrenzen diese drei Flächen?
   e) Gib Oberfläche und Rauminhalt dieses Körpers an!

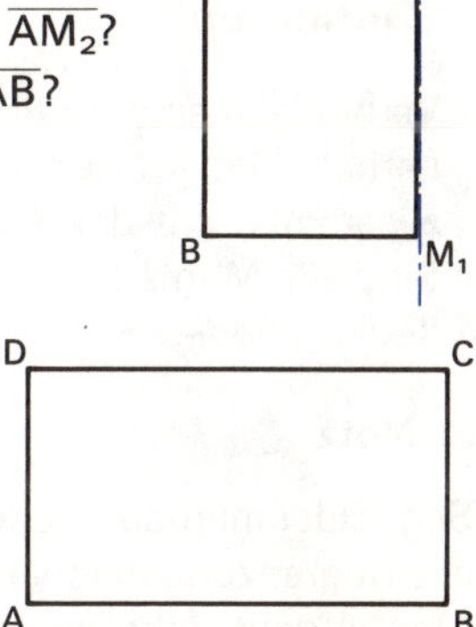

2.[1] Das Rechteck ABCD soll so „eingerollt" werden, daß die Strecke [BC] auf die Strecke [AD] fällt und die Strecken [AB] bzw. [DC] zu Kreisen werden.
   a) Welcher Körper entsteht?
   b) Welche Bedeutung erhalten $\overline{AD}$ und $\overline{AB}$?
   c) Gib Oberfläche und Volumen des entstandenen Körpers an!

3. Formuliere eine Intervallschachtelung für die Berechnung des Volumens eines Zylinders!

4. Berechne die fehlenden Größen eines geraden Zylinders (r, h, M, O, V), wenn gegeben sind:

   a) $r = 10$ cm; $h = 30$ cm
   b) $h = 15$ cm; $O = 509\ \text{cm}^2$
   c) $M = 11{,}00\ \text{dm}^2$; $V = 3{,}85\ \text{cm}^3$
   °d) $r = 4{,}0$ m; $M = 65{,}3\ \text{m}^2$
   °e) $h = 2{,}8$ m; $V = 220\ \text{m}^3$
   °f) $M = 804\ \text{cm}^2$; $O = 1206\ \text{cm}^2$

5. Ein Zylinder wird durch einen ebenen Schnitt entlang seiner Achse halbiert („Achsenschnitt'). Die Schnittfläche ist ein Quadrat mit dem Flächeninhalt $A = 6{,}76\ \text{dm}^2$. Berechne Oberfläche und Volumen dieses Zylinders!

6. In einem Zylinder ist $r : h = 2 : 3$. Berechne das Volumen und die Oberfläche des Zylinders in Abhängigkeit von r!

°7. Der Achsenschnitt eines Zylinders hat den Flächeninhalt $135{,}2\ \text{cm}^2$. Das Verhältnis von Radius zu Körperhöhe ist 5 : 8. Berechne Mantel und Volumen!

8. Ein Betonrohr von 1,25 m Länge hat die „lichte Weite" 30 cm und die Wandstärke 5 cm. Berechne sein Gewicht! (Dichte $2{,}4\ \text{kg/dm}^3$)

°9. Ein Kaminrohr soll 50 cm lang werden und die „lichte Weite" 25 cm bekommen. Sein Gewicht soll höchstens 45 kg betragen. Welche Wandstärke darf das Rohr höchstens bekommen? (Dichte $2{,}4\ \text{kg/dm}^3$)

°10. In einem Zylinder verhalten sich die Inhalte von Mantel und Grundfläche wie 4 : 3. Berechne das Volumen in Abhängigkeit von r!

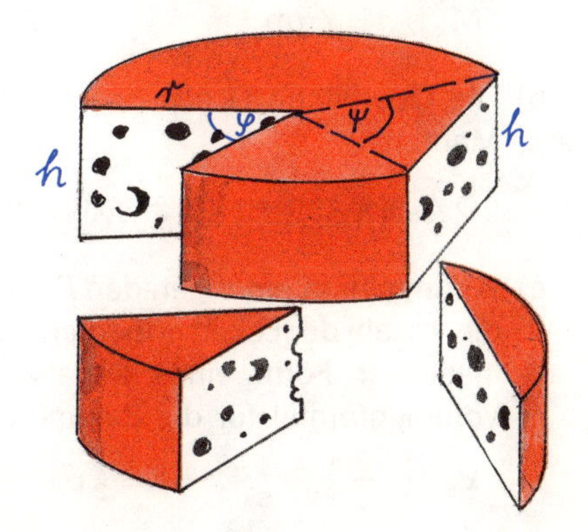

11. Von einem Käselaib wird
   a) ein Sektor,
   b) ein Segment
   abgeschnitten. Berechne O und V in Abhängigkeit von r, h und φ bzw. r, h und ψ!
   z. B.: $r = 60$ cm; $h = 20$ cm;
   $\varphi = 50°$; $\psi = 140°$

[1] Alternative Einstiegsaufgabe.

Der gerade Kegel

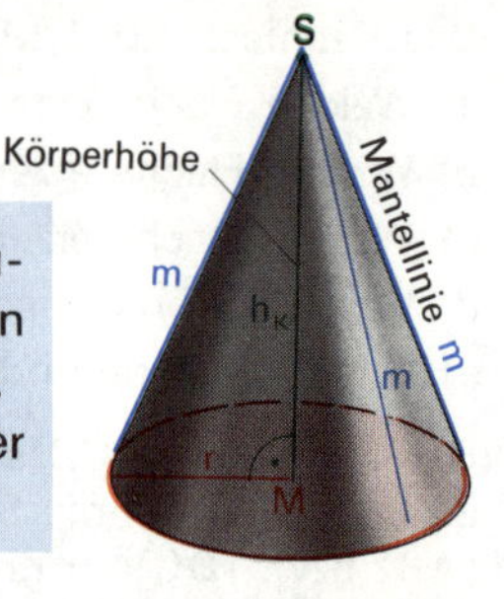

1. Definition

Verbindet man die Punkte eines Kreises mit einem Punkt S außerhalb der Kreisebene, so bilden alle Verbindungsstrecken zusammen mit der Kreisfläche die Oberfläche eines *Kegels*. Sind alle Mantellinien eines Kegels gleich lang, dann heißt der Kegel *gerade*.

2. Netz

Schneidet man den Kegel längs einer Mantellinie sowie der Kreislinie auf und klappt alle Begrenzungsflächen in die Zeichenebene, so erhält man das Netz des Kegels. Der Mantel geht dabei in einen Kreissektor über.

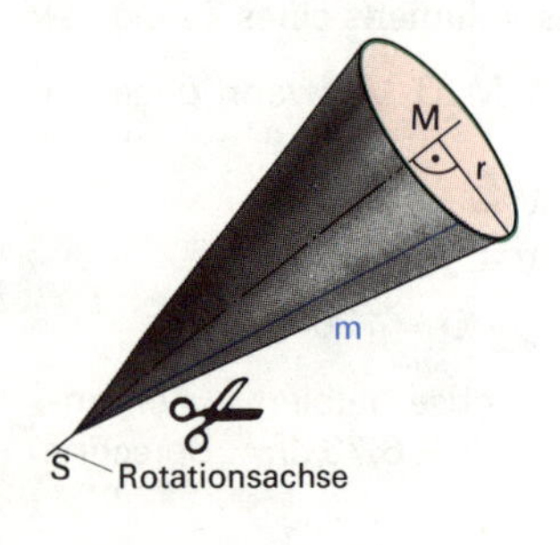

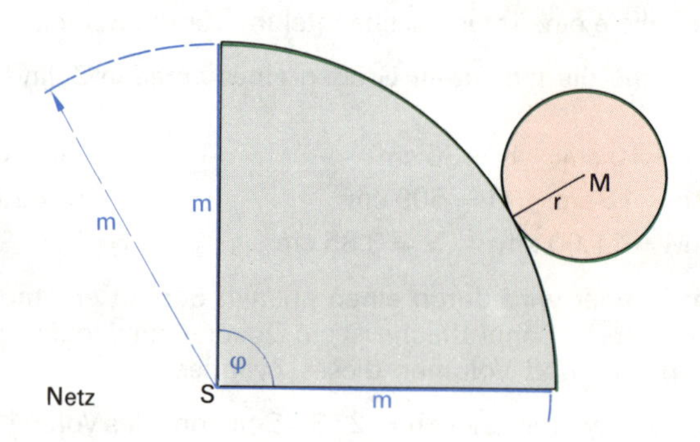

3. Mantel, Oberfläche und Volumen

a) Da alle Punkte der Kreislinie von der Spitze gleich weit entfernt sind, bildet der Mantel des Kegels einen Sektor in einem Kreis vom Radius m.

Daher gilt: $\frac{A_{Sektor}}{\varphi} = \frac{A_{Kreis}}{360°} \Rightarrow \frac{M}{\varphi} = \frac{m^2\pi}{360°} \Rightarrow \frac{M}{m^2\pi} = \frac{\varphi}{360°}$

und: $\frac{b}{\varphi} = \frac{u_{Kreis}}{360°} \Rightarrow \frac{2r\pi}{\varphi} = \frac{2m\pi}{360°} \Rightarrow \frac{r}{m} = \frac{\varphi}{360°}$

somit: $\frac{M}{m^2\pi} = \frac{r}{m}$

$$M_{Kegel} = r\pi m$$

b) Die Oberfläche O des Kegels ist die Summe der Inhalte von Grundfläche und Mantel:

$$O_{Kegel} = r^2\pi + r\pi m = r\pi(r + m)$$

c) Wenn man in einer geraden Pyramide mit einem regulären n-Eck als Grundfläche die Anzahl der Ecken unbegrenzt wachsen läßt, dann nähert sich seine Form immer mehr der Form eines Kegels. Daher kann man das Kegelvolumen mit der Volumenformel für die Pyramide berechnen:

$$V_{Kegel} = \frac{1}{3} G_{Kegel} \cdot h_K = \frac{1}{3} r^2\pi \cdot h_K$$

1. Das Dreieck AMS rotiert um die Achse MS = a.
   a) Welche Fläche erzeugt [AM], und welche Bedeutung hat $\overline{AM}$?
   b) Welche Fläche erzeugt [AS], und welche Bedeutung hat $\overline{AS}$?
   c) Welchen Körper begrenzen diese beiden Flächen?
   d) Gib Oberfläche und Volumen dieses Körpers an!

2.[1] Zeichne einen Kreissektor ABM und schneide ihn aus. „Rolle" ihn so ein, daß A auf B fällt und der Bogen $\widehat{AB}$ zu einem Kreis wird.
   a) Welcher Körper entsteht?
   b) Welche Bedeutung erhalten $\overline{AM}$ und der Bogen $\widehat{AB}$?
   c) Gib Oberfläche und Volumen des entstehenden Körpers an!

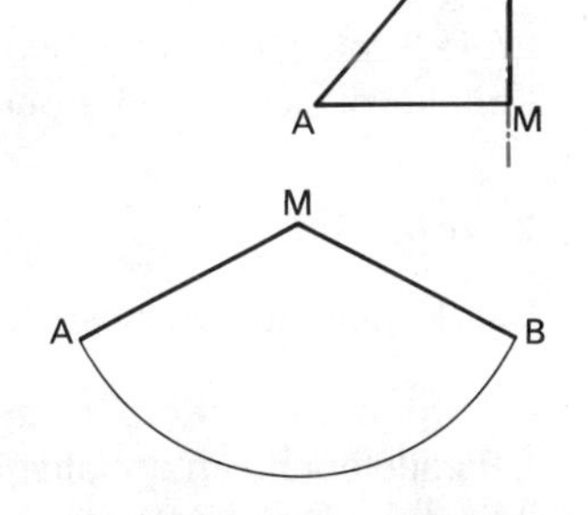

3. Formuliere eine Intervallschachtelung für die Berechnung des Mantels und des Volumens eines geraden Kegels!

4. Berechne die fehlenden Größen eines geraden Kegels (r, h_K, m, φ, M, O, V), wenn die folgenden gegeben sind:
   a) $r = 6{,}0$ cm; $h_K = 8{,}0$ cm
   b) $r = 4{,}0$ cm; $\varphi = 120°$
   c) $h_K = 12{,}5$ cm; $V = 265\ \text{cm}^3$
   d) $h_K = 8{,}6$ cm; $M = 164\ \text{cm}^2$
   *e) $\varphi = 180°$; $V = 1814\ \text{cm}^3$
   °f) $r = 8{,}0$ cm; $m = 10{,}0$ cm
   °g) $m = 4{,}5$ cm; $\varphi = 240°$
   °h) $m = 24$ cm; $O = 1433\ \text{cm}^2$
   °i) $h_K = 5{,}0$ cm; $\varphi = 270°$
   °k) $\varphi = 90°$; $M = 314\ \text{cm}^2$

5. Ein rechtwinkliges Dreieck hat die Katheten $a = 4{,}8$ cm und $b = 3{,}6$ cm. Berechne Oberfläche und Volumen des Kegels, der entsteht,
   a) wenn das Dreieck um die Kathete a rotiert!
   b) wenn das Dreieck um die Kathete b rotiert!
   Vergleiche!

°6. Der Achsenschnitt eines Kegels ist ein gleichseitiges Dreieck. Welche Form hat der aufgerollte Mantel?

°7. Der Inhalt eines Becherglases ($r = 4{,}0$ cm; $h = 10{,}0$ cm), das zur Hälfte gefüllt ist, wird in ein kegelförmiges Gefäß gegossen. Wie hoch steht die Flüssigkeit in diesem Gefäß, wenn sein Achsenschnitt ein rechtwinkliges Dreieck ist?

°8. Ein Zirkuszelt hat die Form eines Zylinders mit aufgesetztem Kegel. Der Durchmesser beträgt 28 m, die Höhe der senkrechten Seitenwand 6,50 m. Die Mantellinie des Kegels ist 18 m lang.
   a) Fertige eine Skizze an und trage die zur Berechnung notwendigen Maße ein!
   b) Wieviel m^2 Zeltleinwand waren zur Herstellung notwendig?
   c) Wieviel m^3 Luft enthält das Zirkuszelt?

9. Berechne Oberfläche und Volumen eines geraden Kegels in Abhängigkeit
   a) von r und α (z. B. $r = 2{,}4$ m; $\alpha = 54°$),
   b) von h und δ (z. B. $h = 18$ cm; $\delta = 60°$)!

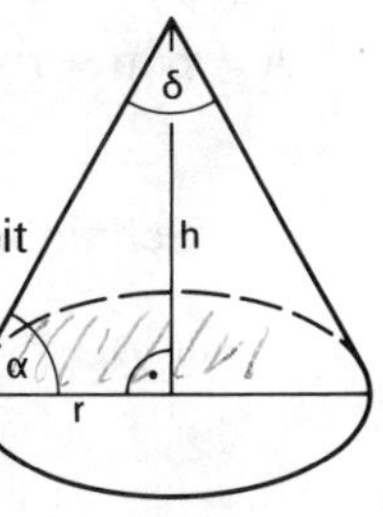

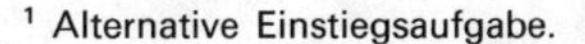

[1] Alternative Einstiegsaufgabe.

Die Kugel

1. Definition

Alle Punkte, die von einem gegebenen Punkt M den gegebenen Abstand r haben, bilden die Oberfläche der *Kugel* um M mit dem *Radius* r.

2. Volumen

Das Kugelvolumen bestimmen wir mit Hilfe des *Axioms von Cavalieri* (Buch 9!):

Werden zwei Körper, die auf einer gemeinsamen Ebene stehen, von jeder Parallelebene in inhaltsgleichen Figuren geschnitten, dann sind diese beiden Körper volumengleich.

Wir vergleichen eine Halbkugel (Radius r) mit einem Zylinder (Radius ebenfalls r, Höhe r), aus dem ein Kegel (Radius r, Höhe r) herausgebohrt ist. Wir stellen beide Körper auf eine Ebene E und berechnen den Inhalt des jeweiligen Parallelschnitts in einer beliebigen Höhe h über der Ebene E:

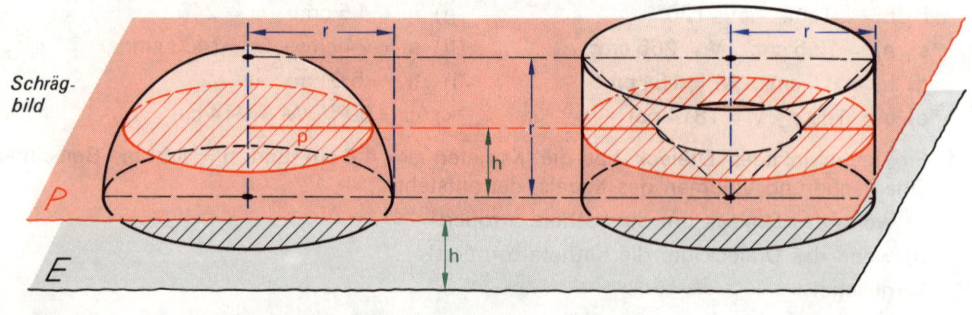

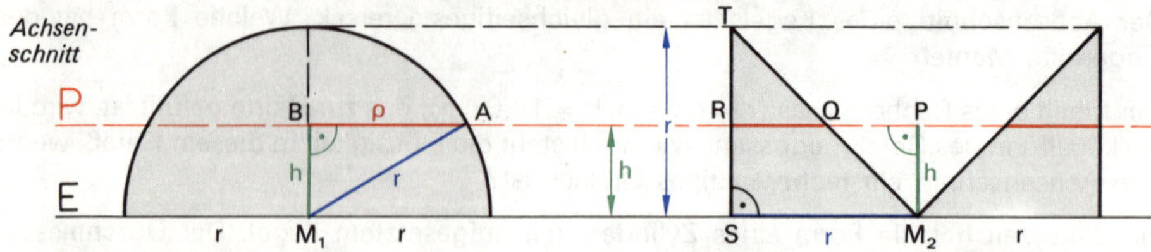

In ΔM_1AB gilt: $\rho^2 = r^2 - h^2$

Damit ist der Inhalt der Schnittfläche (Kreis):

$\underline{A} = \rho^2\pi = \underline{r^2\pi - h^2\pi}$

ΔM_2TS ist gleichschenklig rechtwinklig, und damit auch ΔM_2PQ.

Also gilt: $\overline{PQ} = \overline{PM_2} = h$

Inhalt der Schnittfläche (Ring):

$\underline{A = r^2\pi - h^2\pi}$

Die Schnittfiguren sind für jedes h inhaltsgleich, die Körper also volumengleich:

$V_{Halbkugel} = V_{Zylinder} - V_{Kegel}$ bzw. $\frac{1}{2} \cdot V_{Kugel} = r^2\pi \cdot r - \frac{1}{3} \cdot r^2\pi \cdot r$, also:

$$V_{Kugel} = \frac{4}{3} r^3 \pi$$

3. Oberfläche

Wir denken uns aus einer Vielzahl (n) von Pyramiden (Grundflächen $G_1, G_2, \ldots, G_n$, Höhe h), deren Spitzen alle in M liegen, eine Art Kugel hergestellt. Dann gilt:

$$V_{Körper} = \frac{1}{3}(G_1 + G_2 + G_3 + \ldots + G_n) \cdot h$$

Wenn n unbegrenzt wächst ($n \to \infty$), ergeben sich folgende Übergänge:

$$V_{Kugel} = \frac{1}{3} \cdot O_{Kugel} \cdot r$$

Mit $V_{Kugel} = \frac{4}{3} r^3 \pi$ ergibt sich:

$$O_{Kugel} = 4 r^2 \pi$$

1. a) Welche Körper entstehen, wenn nebenstehende Figuren jeweils um die Achse a rotieren?
   b) Welche Flächen erzeugen die Strecken [AB] bzw. [CD]?
   c) Berechne die Inhalte dieser Flächen in Abhängigkeit von r und h!
   d) Gib die Volumina der entstandenen Körper an!

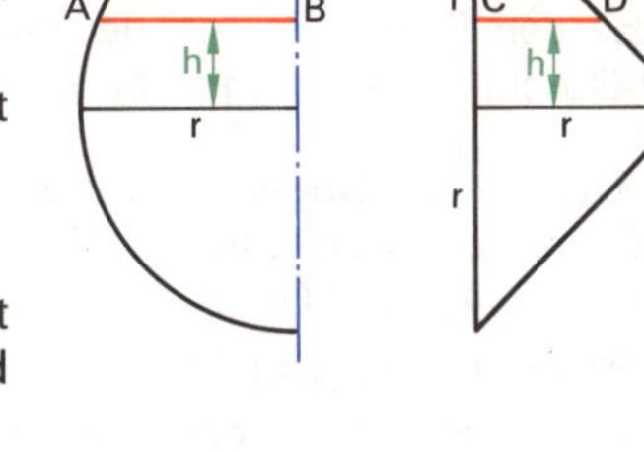

2. Betrachtet man die Erde als Kugel, so wird ihr Radius mit r = 6 370 km angegeben. Berechne ihre Oberfläche und ihr Volumen!
3. Berechne die fehlenden Größen einer Kugel (r, O, V), wenn gegeben sind:
   a) $r = 1$ m b) $O = 1\ m^2$ c) $V = 1\ m^3$
4. In einem 20 cm hohen zylinderförmigen Gefäß mit der lichten Weite s = 12 cm steht Wasser h = 10 cm hoch.
   Um wieviel steigt der Wasserspiegel, wenn eine Metallkugel vom Durchmesser d = 6 cm hineingelegt wird?
5. Aus einer Kugel wird ein Zylinder „herausgebohrt", dessen Achse durch den Kugelmittelpunkt geht. Beweise mit Hilfe des Satzes von Cavalieri: Das Volumen des Restkörpers ist gleich dem Volumen der Kugel, deren Durchmesser gleich der Höhe des Restkörpers ist!

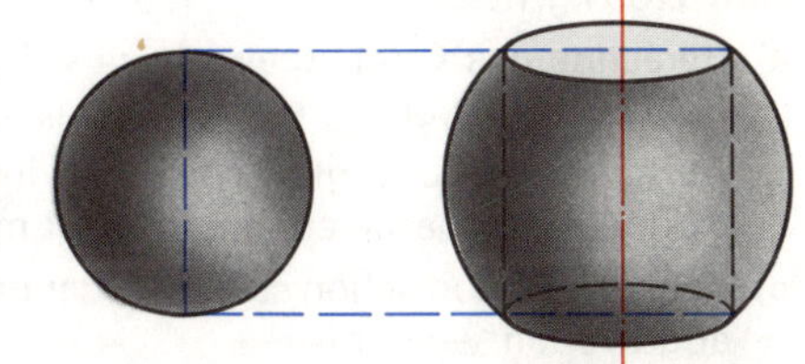

6. Würdest du eine Apfelsine mit dem Durchmesser 8 cm gegen zwei Apfelsinen mit einem Durchmesser von je 6 cm tauschen? (Schätze zuerst!)
7. Wie ändert sich das Verhältnis „Oberfläche zu Volumen" bei einer Kugel, wenn man den Radius der Kugel verdoppelt, verdreifacht, ... ver-n-facht?

Vermischte Aufgaben

1. Ein kugelförmiger Tropfen Seifenlösung hat den Durchmesser 3 mm. Er wird zu einer Seifenblase vom Durchmesser 6 cm aufgeblasen. Wie dick ist die Haut?
   a) Löse die Aufgabe durch genaue Berechnung mit der Volumenformel! Nenne den äußeren Radius der Seifenblase a und den inneren b.
   b) Verwende die Zerlegung $a^3 - b^3 = (a - b)(a^2 + ab + b^2)$ und vereinfache die zweite Klammer unter Berücksichtigung der Tatsache $a \approx b$. Berechne die Dicke der Seifenblasenhaut auch mit der so vereinfachten Formel!
   c) Vergleiche die Ergebnisse von a) und b)! Wie ändert sich der Unterschied, wenn eine gleich große Seifenblase mit noch weniger Seifenlösung gemacht wird?

2. a) Aus wieviel Seifenlösung besteht eine Seifenblase, die den Innenradius r und den Außenradius R hat? Vereinfache die Formel entsprechend Aufgabe 1 b)!
   b) Welche Fläche würde eine „Pfütze" einnehmen, die genauso tief ist wie die Seifenblasenhaut dick ist?
   c) Welche Beziehung zwischen der Pfützenfläche und der Oberfläche der Seifenblase kann man annehmen?
   d) Leite aus b) und c) die Oberflächenformel der Kugel her! Begründe, daß sie exakt gilt!

3. Eine eiserne Hohlkugel mit dem Durchmesser 20 cm schwimmt im Wasser und taucht zur Hälfte ein. Wie dick ist die Wand? ($\rho_{Eisen} = 7{,}8\ g/cm^3$)

°4. Aus einem Eisenwürfel mit der Kantenlänge 1 dm wird eine Kugel gegossen. Wie groß wird ihr Durchmesser? Vergleiche die Oberflächen der beiden Körper!

5. Eine zum Kugelstoßen verwendete Kugel hat eine Masse von 7,25 kg. Ihr Umfang mißt 380 mm, wenn sie ganz aus Stahl besteht. Enthält sie eine Bleifüllung, so beträgt der Umfang 349 mm. Die Dichte des Bleis beträgt $11{,}35\ g/cm^3$.
   a) Berechne den Durchmesser der Stahlkugel und die Dichte des Stahls!
   b) Berechne den Durchmesser der Kugel mit Bleifüllung!
   c) Berechne die Dicke des Stahlmantels!

6. Ein Gasballon von 11 m Durchmesser ist zu 86% seines maximalen Volumens mit Wasserstoff gefüllt. Hülle, Netz, Korb, Ballast und Besatzung wiegen zusammen 625 kg. Die Dichte der Luft ist $1{,}2\ kg/m^3$, die Dichte von Wasserstoff $0{,}09\ kg/m^3$.
   a) Berechne das Gesamtgewicht des Ballons!
   b) Die Gewichtskraft der Luftmenge, die vom Wasserstoff verdrängt wurde, ist gleich dem Auftrieb. Berechne den Auftrieb! (Erdbeschleunigung: $9{,}81\ m/s^2$)
   c) Kann der Ballon schon steigen, oder muß noch Ballast abgeworfen werden?

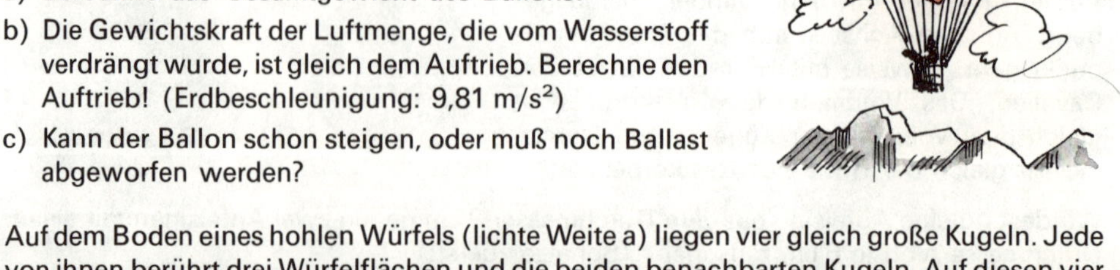

7. Auf dem Boden eines hohlen Würfels (lichte Weite a) liegen vier gleich große Kugeln. Jede von ihnen berührt drei Würfelflächen und die beiden benachbarten Kugeln. Auf diesen vier Kugeln liegt eine fünfte Kugel. Wie groß ist ihr Radius, wenn sie die Deckfläche berührt? (Hinweis: Zeichne zunächst eine „Draufsicht" und dann einen geeigneten Schnitt!)

°8. Einer Halbkugel mit dem Radius r ist ein Würfel einbeschrieben. Berechne die Länge der Würfelkante!
(Hinweis: Zeichne zunächst eine „Draufsicht" und dann einen geeigneten Schnitt!)

9. Einer Kugel vom Radius $r = 20$ cm soll eine kegelförmige Haube aus Blech so aufgesetzt werden, daß ihre Mantellinien Tangenten an die Kugel sind. Wie viele Quadratdezimeter Blech werden hierfür benötigt, wenn der Öffnungswinkel des Kegels $\alpha = 40°$ beträgt?

10. Ein genügend tiefes, kegelförmiges Gefäß (Öffnungswinkel $\alpha = 60°$) ist zum Teil mit Wasser gefüllt. Legt man in das Gefäß eine Kugel vom Durchmesser $d = 8{,}0$ cm, so wird diese gerade ganz von Wasser bedeckt. Wie tief ist das Wasser vor und nach dem Hineinlegen?

11. Aus einem kegelförmigen Sektglas (oberer Radius $r = 2{,}0$ cm, Tiefe $h = 10$ cm), das ursprünglich randvoll war, ist die halbe Sektmenge herausgetrunken worden. Welche Tiefe hat die restliche Sektmenge?

°12. Ein rechtwinkliges Dreieck (Katheten $a = 4{,}0$ cm bzw. $b = 3{,}0$ cm) rotiert
a) um die Kathete a b) um die Kathete b c) um die Hypotenuse.
In welchem Verhältnis stehen die Oberflächen bzw. die Volumina der entstehenden Rotationskörper zueinander?

13. Die abgebildeten Flächen drehen sich jeweils um die angegebene Achse. Berechne Oberfläche und Volumen der entstehenden Rotationskörper!

a)
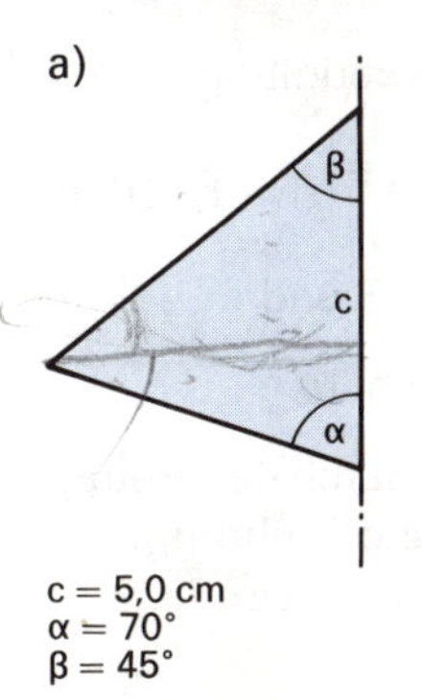

$c = 5{,}0$ cm
$\alpha = 70°$
$\beta = 45°$

°b)
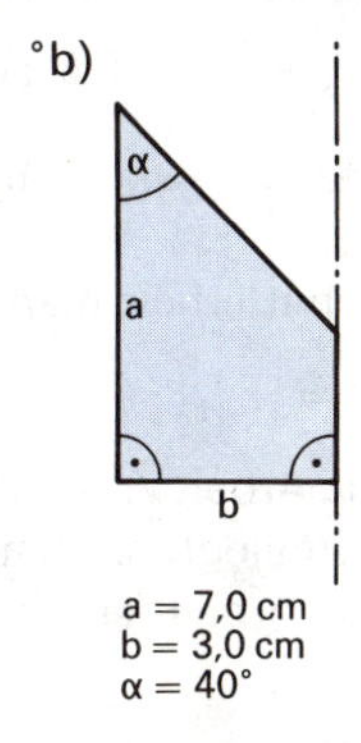

$a = 7{,}0$ cm
$b = 3{,}0$ cm
$\alpha = 40°$

°c)
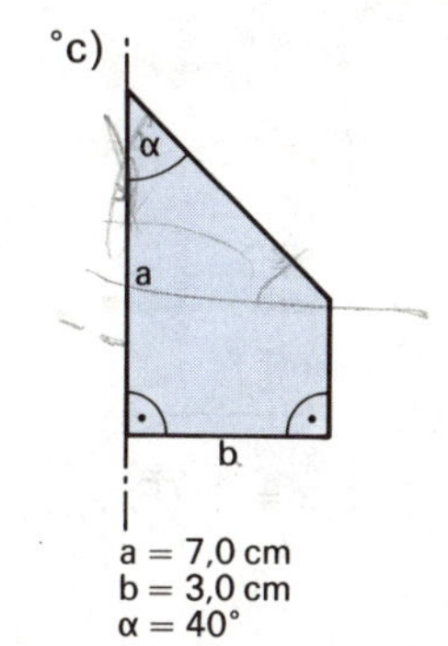

$a = 7{,}0$ cm
$b = 3{,}0$ cm
$\alpha = 40°$

d)
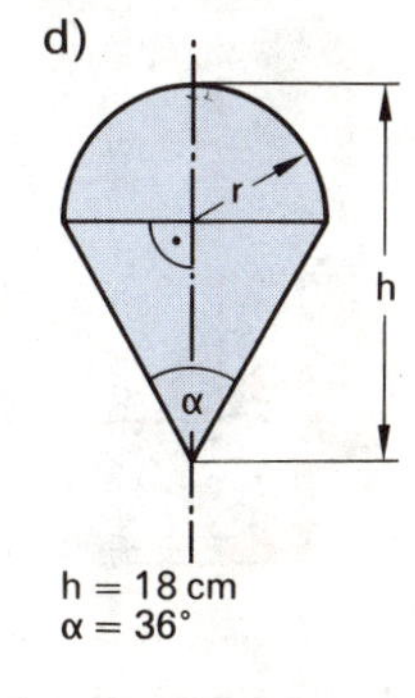

$h = 18$ cm
$\alpha = 36°$

14. Die Grundfläche einer geraden Pyramide ist ein Rechteck mit den Seiten $a = 10{,}0$ cm und $b = 8{,}0$ cm. Die Seitenkante ist gegen die Grundfläche unter dem Winkel $\alpha = 65°$ geneigt.
a) Berechne Oberfläche und Volumen der Pyramide!
[] b) Unter welchen Winkeln sind die Seitenflächen gegen die Grundfläche geneigt?

[]°15. Die Grundfläche einer geraden Pyramide ist ein gleichseitiges Dreieck mit der Seite $a = 15{,}0$ cm. Die Seitenflächen sind gegen die Grundfläche unter dem Winkel $\beta = 72°$ geneigt.
a) Berechne Oberfläche und Volumen dieser Pyramide!
b) Unter welchem Winkel sind die Seitenkanten gegen die Grundfläche geneigt?

16. Wie groß sind Volumen, Oberfläche und Mittelpunktswinkel des aufgerollten Kegelmantels, wenn die Mantellinie $s = 5{,}20$ m ist und mit der Grundfläche den Winkel $\alpha = 58°$ bildet?

17. Ein zylinderförmiger Baumstamm schwimmt horizontal im Wasser. Wie groß ist seine Dichte, wenn 70% seiner Mantelfläche im Wasser sind?

20. LERNEINHEIT: VEKTORTRIGONOMETRIE

Das Skalarprodukt

1. Kraftvektoren und physikalische Arbeit

Aus dem Physikunterricht wissen wir, daß beim Ziehen eines Gegenstandes die physikalische Arbeit W gleich dem Produkt aus Kraft F und zurückgelegtem Weg s ist, wenn F konstant ist und in Wegrichtung s wirkt: $W = F \cdot s$.

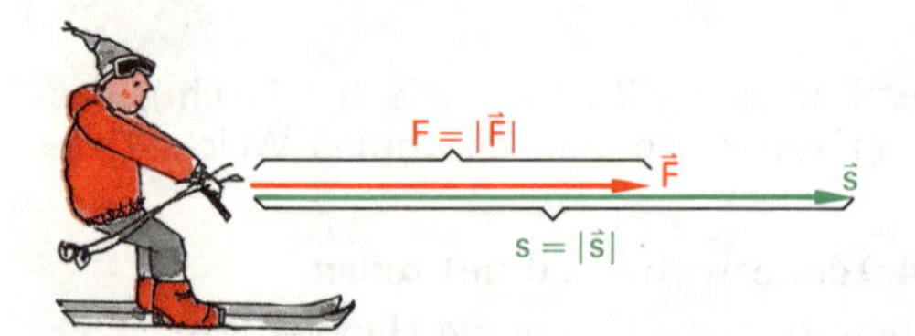

Sowohl Kraft als auch Weg haben einen Betrag und eine Richtung. Man kann beide Größen als Vektoren $\vec{F}$ und $\vec{s}$ darstellen mit den Beträgen $|\vec{F}| = F$ und $|\vec{s}| = s$.

Sind $\vec{F}$ und $\vec{s}$ nicht wie im obigen Fall gleichgerichtet, so kann $\vec{F}$ in eine zu $\vec{s}$ parallele Komponente $\vec{F}_{\parallel \vec{s}}$ und eine zu $\vec{s}$ senkrechte Komponente $\vec{F}_{\perp \vec{s}}$ zerlegt werden. Nur $\vec{F}_{\parallel \vec{s}}$ bewirkt physikalische Arbeit: $W = |\vec{F}_{\parallel \vec{s}}| \cdot s$. Die Komponente $\vec{F}_{\parallel \vec{s}}$ heißt *senkrechte Projektion* von $\vec{F}$ auf $\vec{s}$.

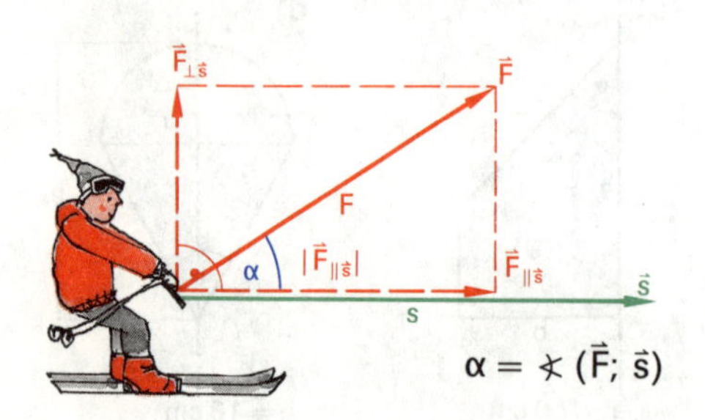

$\vec{F}_{\perp \vec{s}} + \vec{F}_{\parallel \vec{s}} = \vec{F}$ (Vektoraddition)

$\frac{|\vec{F}_{\parallel \vec{s}}|}{F} = \cos\alpha$, also $|\vec{F}_{\parallel \vec{s}}| = F \cdot \cos\alpha$

Somit erhält man aus $\vec{F}$ und $\vec{s}$

$W = |\vec{F}_{\parallel \vec{s}}| \cdot s = F \cdot s \cdot \cos\alpha$.

Die Arbeit W ist allein durch den Betrag festgelegt, sie hat keine Richtung: Die Arbeit ist eine *skalare Größe*.

2. Definition des Skalarprodukts

Eine entsprechende Verknüpfung zweier Vektoren $\vec{a}$ und $\vec{b}$ definiert man auch in der Geometrie. Man nennt sie *Skalarprodukt* der Vektoren $\vec{a}$ und $\vec{b}$ und schreibt dafür $\vec{a} \cdot \vec{b}$. Mit den Bezeichnungen $a = |\vec{a}|$ bzw. $b = |\vec{b}|$ für die Längen (oder den *Betrag*) der Vektoren erhält man:

$$\vec{a} \cdot \vec{b} = a \cdot b \cdot \cos\alpha \quad \text{mit} \quad \alpha = \measuredangle(\vec{a}; \vec{b}) \in [0°; 180°]$$ [1]

Beachte: Diese Verknüpfung zweier Vektoren liefert *keinen Vektor* mehr, sondern eine reelle Zahl (einen *Skalar*).

Damit ist im obigen Beispiel die physikalische Arbeit W gleich dem Skalarprodukt aus dem Kraftvektor $\vec{F}$ und dem Wegvektor $\vec{s}$: $W = \vec{F} \cdot \vec{s}$

[1] Da $\cos\alpha = \cos(-\alpha)$, ist eine Unterscheidung der Drehrichtung hier nicht nötig.
Wegen $\cos\alpha = \cos(360° - \alpha)$ kann man sich auf $\alpha \in [0°; 180°]$ beschränken.

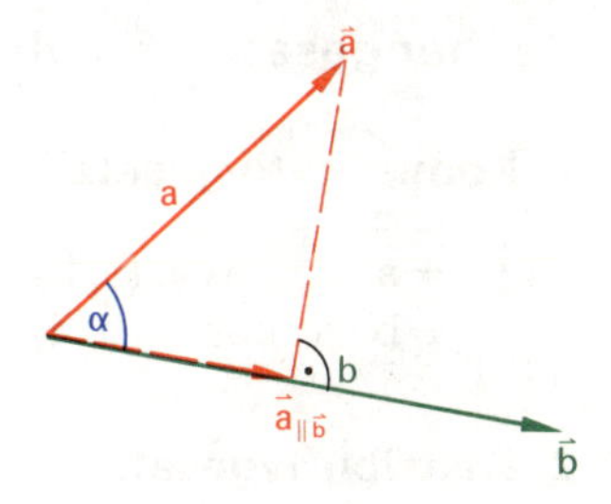

Entsprechend dem physikalischen Beispiel können wir das Skalarprodukt auch mit Hilfe der senkrechten Projektion des Vektors $\vec{a}$ auf den Vektor $\vec{b}$ darstellen:

$$\vec{a} \cdot \vec{b} = a \cdot b \cdot \cos \sphericalangle (\vec{a}; \vec{b})$$
$$= [a \cdot \cos \sphericalangle (\vec{a}; \vec{b})] \cdot b = |\vec{a}_{\parallel \vec{b}}| \cdot b$$

3. Wichtige Eigenschaften des Skalarprodukts

Ist $|\vec{a}| \neq 0$ und $|\vec{b}| \neq 0$, dann folgt sofort:

$\vec{a} \cdot \vec{b} > 0 \Leftrightarrow \alpha \in [0°; 90°[$ $(\cos\alpha > 0)$

$\vec{a} \cdot \vec{b} = 0 \Leftrightarrow \alpha = 90°$ $(\cos\alpha = 0)$

$\vec{a} \cdot \vec{b} < 0 \Leftrightarrow \alpha \in]90°; 180°]$ $(\cos\alpha < 0)$

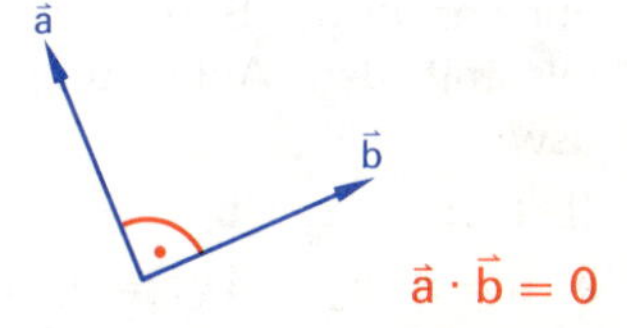

Ausführliche Formulierung der mittleren und wichtigsten dieser drei Aussagen:

Zwei (vom Nullvektor verschiedene) Vektoren stehen genau dann aufeinander senkrecht, wenn ihr Skalarprodukt den Wert Null hat.

1. Auf einer schiefen Ebene von 25° Neigung durchrollt ein Wagen mit der Gewichtskraft 1000 N eine Strecke von 30 m. Die Reibung sei vernachlässigbar. (Skizze mit den Vektoren für $\vec{G}$ und $\vec{s}$!)
   a) Wie groß ist der Winkel zwischen $\vec{s}$ und $\vec{G}$?
   b) Welche Arbeit wird hierbei frei?

2. Gegeben sind die Punkte O (0/0); A ($\sqrt{3}$/1); B (2/2); C (5/0); D (0/4) und E (−2/0). Berechne mit Hilfe einer Zeichnung folgende Skalarprodukte:

a) $\overrightarrow{OA} \cdot \overrightarrow{OC}$	d) $\overrightarrow{OA} \cdot \overrightarrow{OB}$	°g) $\overrightarrow{OB} \cdot \overrightarrow{OE}$	°k) $\overrightarrow{DE} \cdot \overrightarrow{DO}$
b) $\overrightarrow{OA} \cdot \overrightarrow{OD}$	°e) $\overrightarrow{OB} \cdot \overrightarrow{OC}$	°h) $\overrightarrow{OB} \cdot \overrightarrow{OA}$	l) $\overrightarrow{AO} \cdot \overrightarrow{AD}$
c) $\overrightarrow{OA} \cdot \overrightarrow{OE}$	°f) $\overrightarrow{OB} \cdot \overrightarrow{OD}$	i) $\overrightarrow{DC} \cdot \overrightarrow{DO}$	°m) $\overrightarrow{DB} \cdot \overrightarrow{BO}$

3. Gegeben sind die Vektoren $\vec{a} = \overrightarrow{OA}$ mit A (5/0) und der Vektor $\vec{x} = \overrightarrow{OX}$ mit X (2/y).
   a) Zeige anhand einer Zeichnung, daß für jedes beliebige y die Beziehung $\vec{a} \cdot \vec{x} = 10$ gilt!
   b) Warum erlaubt die Bildung des Skalarprodukts – im Gegensatz zum Rechnen mit reellen Zahlen – keine Umkehrung, also keine Division?

4. Für zwei Vektoren $\vec{a}$ und $\vec{b}$ gelte $|\vec{a}| = a = 5$ und $|\vec{b}| = b = 8$. Berechne das Skalarprodukt $\vec{a} \cdot \vec{b}$ für $\sphericalangle (\vec{a}; \vec{b}) = 0°$ (10°; 20°; ...; 180°)!

5. Unter welchen Voraussetzungen kann die Gleichung $\vec{a} \cdot \vec{b} = 0$ erfüllt werden?

6. Es seien ein Punkt A und ein Vektor $\vec{n}$ gegeben ($\vec{n} \neq$ Nullvektor $\vec{o}$). Wo liegen alle Punkte X mit $\vec{n} \cdot \overrightarrow{AX} = 0$?

7. Gib eine physikalische Interpretation für ein Skalarprodukt $\vec{a} \cdot \vec{b}$ mit $\sphericalangle (\vec{a}; \vec{b}) = 90°$ mit $\sphericalangle (\vec{a}; \vec{b}) > 90°$ an!

Rechengesetze für das Skalarprodukt

1. Kommutativgesetz

$$\vec{a} \cdot \vec{b} = a \cdot b \cdot \cos \sphericalangle (\vec{a}; \vec{b})$$
$$= b \cdot a \cdot \cos \sphericalangle (\vec{b}; \vec{a}) = \vec{b} \cdot \vec{a}$$

kurz: $\vec{a} \cdot \vec{b} = \vec{b} \cdot \vec{a}$

2. Distributivgesetz

Für den in der Skizze dargestellten Fall gilt mit den Abkürzungen $|\vec{b}_{\parallel \vec{a}}| = b_a$ usw.:

$(b+c)_a = b_a + c_a$

$\vec{a} \cdot \vec{b} = a \cdot b_a, \quad \vec{a} \cdot \vec{c} = a \cdot c_a,$

$\vec{a} \cdot (\vec{b} + \vec{c}) = a \cdot (b+c)_a$

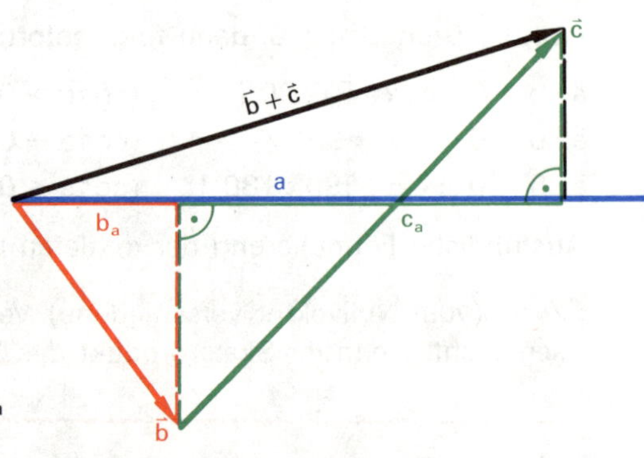

Daraus folgt für den gezeigten Fall:

$$\vec{a} \cdot (\vec{b} + \vec{c}) = a \cdot (b+c)_a$$
$$= a \cdot (b_a + c_a) = a \cdot b_a + a \cdot c_a$$
$$= \vec{a} \cdot \vec{b} + \vec{a} \cdot \vec{c}$$

Allgemein gilt (vgl. Aufgabe 3): $\vec{a} \cdot (\vec{b} + \vec{c}) = \vec{a} \cdot \vec{b} + \vec{a} \cdot \vec{c}$

und mit dem Kommutativgesetz: $(\vec{a} + \vec{b}) \cdot \vec{c} = \vec{a} \cdot \vec{c} + \vec{b} \cdot \vec{c}$

3. S-Multiplikation und Skalarprodukt

Für $\lambda > 0$ ist

$$\lambda \cdot (\vec{a} \cdot \vec{b}) = \lambda \cdot (a \cdot b \cdot \cos\varphi) = \begin{cases} (\lambda \cdot a) \cdot b \cdot \cos\varphi = (\lambda \cdot \vec{a}) \cdot \vec{b} \\ a \cdot (\lambda \cdot b) \cdot \cos\varphi = \vec{a} \cdot (\lambda \cdot \vec{b}) \end{cases}$$

Allgemein gilt (zu $\lambda < 0$ siehe Aufgabe 7):

$$\lambda \cdot (\vec{a} \cdot \vec{b}) = (\lambda \cdot \vec{a}) \cdot \vec{b} = \vec{a} \cdot (\lambda \cdot \vec{b})$$

Der skalare Faktor λ kann jedem der beiden Vektoren zugeordnet werden.

Skalarprodukt und Vektorbetrag

Wir multiplizieren den Vektor $\vec{a}$ mit sich selbst:

$\vec{a} \cdot \vec{a} = a \cdot a \cdot \cos 0° = a \cdot a \cdot 1 = a^2$

Auch bei Skalarprodukten benutzen wir die Potenzschreibweise: $\vec{a} \cdot \vec{a} = \vec{a}^2$

Wegen $a \geqq 0$ ist $\sqrt{a^2} = a$, also mit $\vec{a}^2 = a^2$:

$$a = \sqrt{\vec{a}^2}$$

1. Zeige, daß man die Beziehung $\vec{a} \cdot \vec{b} = a \cdot b \cdot \cos \sphericalangle (\vec{a}; \vec{b})$ sowohl durch senkrechtes Projizieren von $\vec{a}$ auf $\vec{b}$ (mit dem Ergebnis $\vec{a}_{\parallel \vec{b}}$) als auch durch senkrechtes Projizieren von $\vec{b}$ auf $\vec{a}$ (mit dem Ergebnis $\vec{b}_{\parallel \vec{a}}$) erhält!

2. Warum müssen wir uns bei der Definition des Skalarprodukts nicht um die Orientierung des Winkels zwischen den beiden Vektoren kümmern?

3. Zeige anhand einer sauberen Zeichnung, daß für die Vektoren $\vec{a}$, $\vec{b}$ und $\vec{c}$ die Beziehung $\vec{a} \cdot (\vec{b} + \vec{c}) = \vec{a} \cdot \vec{b} + \vec{a} \cdot \vec{c}$ gilt!

   a) $\vec{a} = \begin{pmatrix} 2 \\ 2 \end{pmatrix}$; $\vec{b} = \begin{pmatrix} 4 \\ 1 \end{pmatrix}$; $\vec{c} = \begin{pmatrix} 6 \\ 0 \end{pmatrix}$

   b) $\vec{a} = \begin{pmatrix} 2 \\ 2 \end{pmatrix}$; $\vec{b} = \begin{pmatrix} -4 \\ 1 \end{pmatrix}$; $\vec{c} = \begin{pmatrix} 6 \\ 0 \end{pmatrix}$

   c) $\vec{a} = \begin{pmatrix} 2 \\ 2 \end{pmatrix}$; $\vec{b} = \begin{pmatrix} -4 \\ 1 \end{pmatrix}$; $\vec{c} = \begin{pmatrix} -6 \\ 0 \end{pmatrix}$

4. Berechne durch zweimalige Anwendung des Distributivgesetzes:

   a) $(\vec{u} + \vec{v}) \cdot (\vec{s} + \vec{t})$ °c) $(\vec{u} + \vec{v}) \cdot (\vec{s} - \vec{t})$ °e) $(\vec{a} + \vec{b})^2$

   b) $(\vec{u} - \vec{v}) \cdot (\vec{s} + \vec{t})$ d) $(\vec{a} + \vec{b}) \cdot (\vec{a} - \vec{b})$ °f) $(\vec{a} - \vec{b})^2$

   Was fällt bei d), e) und f) auf?

5. Interpretiere die Regel über S-Multiplikation und Skalarprodukt am physikalischen „Kraft-Weg-Beispiel"! (Verdoppelung der Kraft bzw. des Weges ...)

6. Gegeben sind die Punkte O (0/0), A (4/−1) und B (3/2). Berechne und vergleiche:
   $\overrightarrow{OA} \cdot \overrightarrow{OB}$; $\overrightarrow{OA} \cdot \overrightarrow{BO}$; $\overrightarrow{AO} \cdot \overrightarrow{BO}$; $\overrightarrow{AO} \cdot \overrightarrow{OB}$

7. a) Zeige: $-(\vec{a} \cdot \vec{b}) = (-\vec{a}) \cdot \vec{b} = \vec{a} \cdot (-\vec{b})$

   b) Zeige mit Hilfe des Ergebnisses von a), daß die Regel über S-Multiplikation und Skalarprodukt auch für $\lambda < 0$ gilt!

8. Gegeben sind die Vektoren $\vec{a}$ und $\vec{b}$ mit $|\vec{a}| = 3$ und $|\vec{b}| = 5$. Die Vektoren schließen einen Winkel von 0° (30°; 45°; 60°; 90°; 120°; 135°; 150°; 180°) miteinander ein. Berechne für jeden der Winkel jeweils

   a) $(\vec{a} + \vec{b})^2$, °b) $(\vec{a} - \vec{b})^2$, °c) $(\vec{a} + \vec{b}) \cdot (\vec{a} - \vec{b})$!

9. Bestimme das Skalarprodukt eines Vektors vom Betrag 1 (2, 3, 4, ...) mit sich selbst! Was ist zu vermuten? Begründe!

[]10. Zeige: Die skalare Multiplikation von Vektoren ist nicht assoziativ, d. h. es gilt kein Gesetz der Form
   $(\vec{a} \cdot \vec{b}) \cdot \vec{c} = \vec{a} \cdot (\vec{b} \cdot \vec{c})$.

Das Skalarprodukt im rechtwinkligen Koordinatensystem

1. Darstellung eines Vektors mit Hilfe von zueinander senkrechten Einheitsvektoren

Im Koordinatensystem haben wir Vektoren in Spaltenschreibweise dargestellt, z. B. $\vec{a} = \begin{pmatrix} 3 \\ 2 \end{pmatrix}$. Das bedeutet eine Verschiebung um 3 Einheiten nach rechts und um 2 Einheiten nach oben, d. h.: $\begin{pmatrix} 3 \\ 2 \end{pmatrix} = 3 \cdot \begin{pmatrix} 1 \\ 0 \end{pmatrix} + 2 \cdot \begin{pmatrix} 0 \\ 1 \end{pmatrix}$

Der Vektor $\begin{pmatrix} 1 \\ 0 \end{pmatrix}$ hat den Betrag 1 und zeigt in Richtung der x-Achse.

Abkürzung: $\begin{pmatrix} 1 \\ 0 \end{pmatrix} = \vec{i}$

Der Vektor $\begin{pmatrix} 0 \\ 1 \end{pmatrix}$ hat ebenfalls den Betrag 1 und zeigt in Richtung der y-Achse.

Abkürzung: $\begin{pmatrix} 0 \\ 1 \end{pmatrix} = \vec{j}$

Es gilt also: $\vec{a} = \begin{pmatrix} 3 \\ 2 \end{pmatrix} = 3 \cdot \vec{i} + 2 \cdot \vec{j}$

Allgemein: $\vec{a} = \begin{pmatrix} a_x \\ a_y \end{pmatrix} = a_x \cdot \vec{i} + a_y \cdot \vec{j}$

Vektoren wie $\vec{i}$ und $\vec{j}$ mit der Längenmaßzahl 1 heißen *Einheitsvektoren*.

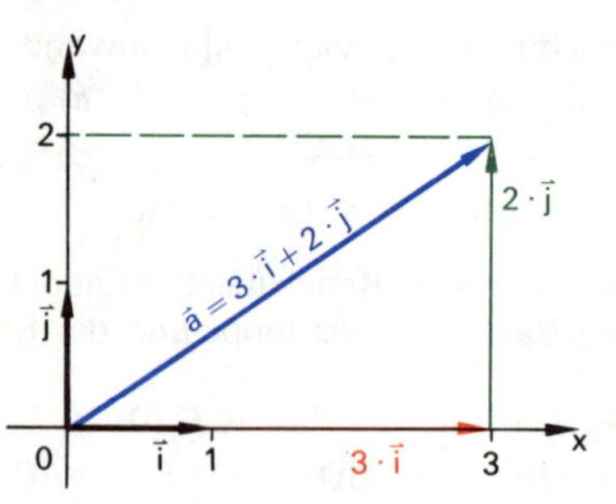

2. Berechnung des Skalarprodukts

$$\vec{a} \cdot \vec{b} = \begin{pmatrix} a_x \\ a_y \end{pmatrix} \cdot \begin{pmatrix} b_x \\ b_y \end{pmatrix} = (a_x \cdot \vec{i} + a_y \cdot \vec{j}) \cdot (b_x \cdot \vec{i} + b_y \cdot \vec{j}) =$$

$$= a_x \cdot b_x \cdot \underbrace{\vec{i}^2}_{1} + a_x \cdot b_y \cdot \underbrace{\vec{i} \cdot \vec{j}}_{0} + a_y \cdot b_x \cdot \underbrace{\vec{j} \cdot \vec{i}}_{0} + a_y \cdot b_y \cdot \underbrace{\vec{j}^2}_{1} =$$

$$= a_x \cdot b_x + a_y \cdot b_y, \qquad \text{kurz:}$$

$$\vec{a} \cdot \vec{b} = \begin{pmatrix} a_x \\ a_y \end{pmatrix} \cdot \begin{pmatrix} b_x \\ b_y \end{pmatrix} = a_x b_x + a_y b_y$$

Beispiele: $\begin{pmatrix} 3 \\ 2 \end{pmatrix} \cdot \begin{pmatrix} 4 \\ 1 \end{pmatrix} = 3 \cdot 4 + 2 \cdot 1 = 14$; $\begin{pmatrix} 6 \\ 4 \end{pmatrix} \cdot \begin{pmatrix} -2 \\ 3 \end{pmatrix} = -12 + 12 = 0$

3. Der Betrag eines Vektors

Mit der Formel $a = |\vec{a}| = \sqrt{\vec{a}^2}$ und dem Ergebnis von 2. gilt:

$$a = \sqrt{\begin{pmatrix} a_x \\ a_y \end{pmatrix} \cdot \begin{pmatrix} a_x \\ a_y \end{pmatrix}} = \sqrt{a_x^2 + a_y^2}$$

Beispiel:

Gegeben sind die Vektoren $\vec{a} = \begin{pmatrix} 3 \\ 4 \end{pmatrix}$ *und* $\vec{b} = \begin{pmatrix} -2 \\ 3 \end{pmatrix}$.

Bestimme die Beträge a und b der Vektoren sowie den Winkel $\sphericalangle(\vec{a}; \vec{b})$!

$$a = \left|\begin{pmatrix} 3 \\ 4 \end{pmatrix}\right| = \sqrt{3^2 + 4^2} = \sqrt{9 + 16} = \sqrt{25} = \underline{\underline{5}}$$

$$b = \left|\begin{pmatrix} -2 \\ 3 \end{pmatrix}\right| = \sqrt{(-2)^2 + 3^2} = \sqrt{4 + 9} = \sqrt{13} \approx \underline{\underline{3{,}61}}$$

$$\vec{a} \cdot \vec{b} = 3 \cdot (-2) + 4 \cdot 3 = -6 + 12 = 6$$

$$\vec{a} \cdot \vec{b} = a \cdot b \cdot \cos \sphericalangle(\vec{a}; \vec{b}) \quad \Rightarrow \quad \cos \sphericalangle(\vec{a}; \vec{b}) = \frac{\vec{a} \cdot \vec{b}}{a \cdot b}\text{, also:}$$

$$\cos \sphericalangle(\vec{a}; \vec{b}) \approx \frac{6}{5 \cdot 3{,}61} \approx 0{,}332$$

$$\Rightarrow \quad \underline{\underline{\sphericalangle(\vec{a}; \vec{b}) \approx 70{,}6°}}$$

---

1. Stelle folgende Vektoren mit Hilfe der Einheitsvektoren $\vec{i} = \begin{pmatrix} 1 \\ 0 \end{pmatrix}$ und $\vec{j} = \begin{pmatrix} 0 \\ 1 \end{pmatrix}$ dar!

   a) $\vec{a} = \begin{pmatrix} 7 \\ 3 \end{pmatrix}$ b) $\vec{b} = \begin{pmatrix} -5 \\ 4 \end{pmatrix}$ c) $\vec{c} = \begin{pmatrix} 0 \\ -7 \end{pmatrix}$ °d) $\vec{d} = \begin{pmatrix} 0{,}5 \\ -1 \end{pmatrix}$ °e) $\vec{e} = \begin{pmatrix} -\frac{1}{3} \\ -\frac{3}{2} \end{pmatrix}$

2. Berechne folgende Skalarprodukte, indem du zunächst jeden Vektor mit Hilfe der Einheitsvektoren $\vec{i}$ und $\vec{j}$ ausdrückst und dann ausmultiplizierst!

   a) $\begin{pmatrix} 3 \\ 7 \end{pmatrix} \cdot \begin{pmatrix} 5 \\ 4 \end{pmatrix}$ b) $\begin{pmatrix} 1 \\ 2 \end{pmatrix} \cdot \begin{pmatrix} 4 \\ -2 \end{pmatrix}$ °c) $\begin{pmatrix} 0 \\ 1 \end{pmatrix} \cdot \begin{pmatrix} 1 \\ 0 \end{pmatrix}$ °d) $\begin{pmatrix} 3 \\ 7 \end{pmatrix} \cdot \begin{pmatrix} -14 \\ 4 \end{pmatrix}$

3. Berechne die Beträge der folgenden Vektoren
   (I) mit Hilfe des Satzes von Pythagoras, (II) mit Hilfe des Skalarprodukts!

   a) $\vec{a} = \begin{pmatrix} 1 \\ 1 \end{pmatrix}$ b) $\vec{b} = \begin{pmatrix} -1 \\ -2 \end{pmatrix}$ c) $\vec{c} = \begin{pmatrix} 3 \\ 4 \end{pmatrix}$ d) $\vec{d} = \begin{pmatrix} 1 \\ \sqrt{3} \end{pmatrix}$ e) $\vec{e} = \begin{pmatrix} 15 \\ -8 \end{pmatrix}$

[]4. Berechne jeweils den Winkel, den die beiden Vektoren $\vec{a}$ und $\vec{b}$ miteinander einschließen. Zeichne die zugehörigen Ursprungspfeile und überprüfe deine Rechnung durch Messung!

   a) $\vec{a} = \begin{pmatrix} 2 \\ 1 \end{pmatrix}$; $\vec{b} = \begin{pmatrix} 1 \\ 2 \end{pmatrix}$ c) $\vec{a} = \begin{pmatrix} -3 \\ 4 \end{pmatrix}$; $\vec{b} = \begin{pmatrix} -8 \\ -6 \end{pmatrix}$ °e) $\vec{a} = \begin{pmatrix} 1 \\ 0 \end{pmatrix}$; $\vec{b} = \begin{pmatrix} 0 \\ -1 \end{pmatrix}$

   b) $\vec{a} = \begin{pmatrix} 5 \\ 3 \end{pmatrix}$; $\vec{b} = \begin{pmatrix} -2 \\ 5 \end{pmatrix}$ °d) $\vec{a} = \begin{pmatrix} 3 \\ -5 \end{pmatrix}$; $\vec{b} = \begin{pmatrix} 2 \\ 4 \end{pmatrix}$ °f) $\vec{a} = \begin{pmatrix} 5 \\ 2 \end{pmatrix}$; $\vec{b} = \begin{pmatrix} -10 \\ -4 \end{pmatrix}$

[]5. Gegeben ist das Dreieck ABC mit A(−3/1); B(5/−3); C(2/4).
   Berechne seine Seitenlängen und seine Innenwinkel! Überprüfe dein Ergebnis durch Zeichnen des Dreiecks und Messen der Strecken und Winkel!

[]6. Gegeben ist das Viereck OABC mit O(0/0), A(5/−2), B(8/0), C(6/4).
   Berechne seine Seitenlängen und seine Innenwinkel! Zeichne und überprüfe dein Ergebnis durch Messung!

7. Ein Vektor $\vec{x}$ schließt mit dem Einheitsvektor $\vec{i} = \begin{pmatrix} 1 \\ 0 \end{pmatrix}$ den Winkel α und mit dem Einheitsvektor $\vec{j} = \begin{pmatrix} 0 \\ 1 \end{pmatrix}$ den Winkel β ein. Zeige, daß $\cos^2\alpha + \cos^2\beta = 1$!

Geometrische Beweise mit Hilfe des Skalarprodukts[1]

Viele Sätze aus der Geometrie können mit Hilfe des Skalarprodukts elegant bewiesen werden. Dabei verwendet man meistens den Satz:
Zwei Vektoren, deren Beträge ungleich Null sind, stehen genau dann aufeinander senkrecht, wenn ihr Skalarprodukt Null ist.

1. Der Satz des Pythagoras

Im rechtwinkligen Dreieck ist die Summe der Kathetenquadrate gleich dem Hypotenusenquadrat.

Voraussetzung: ΔABC mit $a \perp b$

Behauptung: $c^2 = a^2 + b^2$

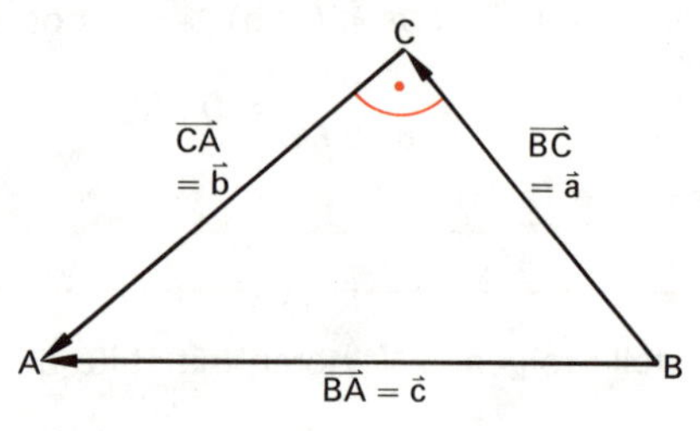

Beweis: Man ordnet den Dreiecksseiten entsprechende Vektoren zu.

Für die hier gewählten Vektoren gilt:

$\vec{a} + \vec{b} = \vec{c}$ und $\vec{a} \cdot \vec{b} = 0$

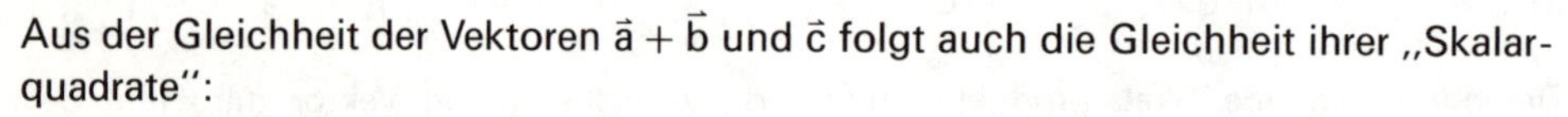

Aus der Gleichheit der Vektoren $\vec{a} + \vec{b}$ und $\vec{c}$ folgt auch die Gleichheit ihrer „Skalarquadrate":

$$(\vec{a} + \vec{b})^2 = \vec{c}^2$$

$$\vec{a}^2 + \vec{a} \cdot \vec{b} + \vec{a} \cdot \vec{b} + \vec{b}^2 = \vec{c}^2$$

$$a^2 + 0 + b^2 = c^2,$$ was zu beweisen war (w. z. b. w.).

2. Der Satz des Thales

Liegen die Eckpunkte eines Dreiecks so auf einem Kreis, daß eine Seite Durchmesser ist, dann ist das Dreieck rechtwinklig.

Voraussetzung: ΔABC mit $M \in [AB]$ und $\overline{MA} = \overline{MB} = \overline{MC}$

Behauptung: $a \perp b$

Beweis: Man ordnet den Strecken entsprechende Vektoren zu.

Für die hier gewählten Vektoren gilt:

$$\vec{a} \cdot \vec{b} = (\vec{x} - \vec{s}) \cdot (\vec{x} + \vec{s}) = \vec{x}^2 - \vec{s}^2 = x^2 - s^2 = 0 \quad (\text{da } x = s)$$

$\Rightarrow a \perp b$ w. z. b. w.

---

[1] Alternative zum Kapitel „Goniometrische Gleichungen", Seite G 66

3. Der Höhensatz

Im rechtwinkligen Dreieck ist das Höhenquadrat gleich dem Produkt aus den Hypotenusenabschnitten.

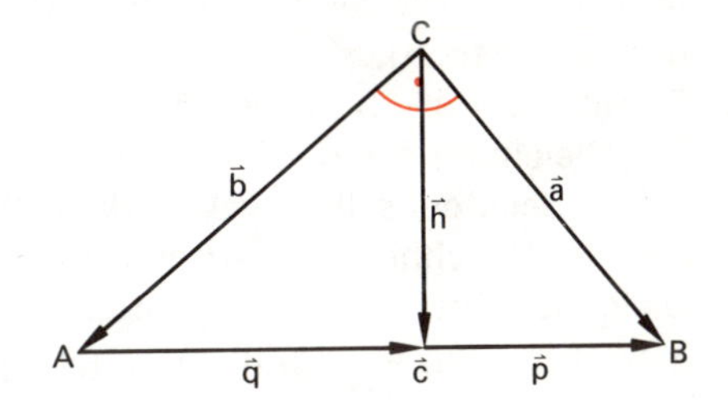

Voraussetzung:

ΔABC mit $\vec{a} \perp \vec{b}$ und $\vec{h} \perp \vec{p}$ und $\vec{h} \perp \vec{q}$

$\overline{AB} = \vec{p} + \vec{q}$ (d. h. $\sphericalangle(\vec{p}; \vec{q}) = 0°$)

Behauptung: $h^2 = p \cdot q$

Beweis:

Für die hier gewählten Vektoren gilt:

I $\vec{a} \cdot \vec{b} = 0$
II $\vec{a} = \vec{h} + \vec{p}$
III $\vec{b} = \vec{h} - \vec{q}$

II, III in I: $\vec{a} \cdot \vec{b} = 0 = (\vec{h} + \vec{p})(\vec{h} - \vec{q})$

$0 = \vec{h}^2 - \vec{h}\vec{q} + \vec{h}\vec{p} - \vec{p}\vec{q}$

$0 = h^2 - 0 + 0 - pq$

$h^2 = p \cdot q$ w. z. b. w.

Beweise die folgenden Sätze mit Hilfe des Skalarprodukts!
Zeichne dazu in die entsprechenden Figuren geeignete Vektoren ein!

[] 1. In einer Raute stehen die Diagonalen aufeinander senkrecht.

[] 2. Im rechtwinkligen Dreieck ist das Kathetenquadrat gleich dem Produkt aus Hypotenuse und zugehörigem Hypotenusenabschnitt.

[] 3. Im gleichschenkligen Dreieck gilt:
  a) Basiswinkel sind gleich groß.
  °b) Die Seitenhalbierende der Basis steht auf der Basis senkrecht.

[] 4. Wenn in einem Parallelogramm die Diagonalen aufeinander senkrecht stehen, dann sind alle Seiten gleich lang.

°[] 5. Sind in einem Parallelogramm die Diagonalen gleich lang, so ist es ein Rechteck.

°[] 6. In einem Rechteck sind die Diagonalen gleich lang.

°[] 7. Im gleichschenkligen Dreieck sind zwei Seitenhalbierende gleich lang.

°[] 8. Alle Punkte auf der Symmetrieachse zu zwei Punkten A und B haben von A und B jeweils gleiche Entfernung.

°[] 9. Die Diagonalen einer Raute halbieren deren Innenwinkel.

°[] 10. In jedem Parallelogramm gilt:
$2 \cdot (a^2 + b^2) = e^2 + f^2$

D C A B e f a b

Berechnungen am allgemeinen Dreieck

1. Der Kosinussatz

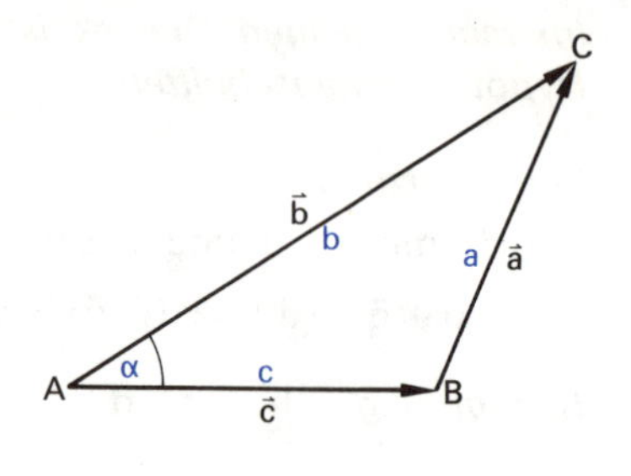

Im Dreieck ABC sei $\vec{a} = \overrightarrow{BC}$, $\vec{b} = \overrightarrow{AC}$, $\vec{c} = \overrightarrow{AB}$ und $\alpha = \sphericalangle(\vec{c}; \vec{b})$.

Es gilt: $\vec{c} + \vec{a} = \vec{b}$ bzw. $\vec{a} = \vec{b} - \vec{c}$.

Die Gleichung $\vec{a} = \vec{b} - \vec{c}$ besagt, daß linke und rechte Seite denselben Vektor darstellen.

Aus der Gleichheit der Vektoren folgt auch die Gleichheit ihrer „Skalarquadrate":

$\vec{a}^2 = (\vec{b} - \vec{c})^2 = \vec{b}^2 - 2\vec{b}\vec{c} + \vec{c}^2 = b^2 - 2bc\cos\alpha + c^2$

Entsprechendes gilt, wenn man von β und γ ausgeht.

In jedem Dreieck gilt:

$a^2 = b^2 + c^2 - 2bc\cos\alpha \qquad b^2 = a^2 + c^2 - 2ac\cos\beta \qquad c^2 = a^2 + b^2 - 2ab\cos\gamma$

Beispiel:

Gegeben: $a = 5{,}0\,\text{cm}$; $b = 6{,}0\,\text{cm}$; $c = 7{,}0\,\text{cm}$

Gesucht: α

$a^2 = b^2 + c^2 - 2bc\cos\alpha$

$$\cos\alpha = \frac{b^2 + c^2 - a^2}{2bc} = \frac{36 + 49 - 25}{2 \cdot 6 \cdot 7} = 0{,}7142\ldots \Rightarrow \underline{\underline{\alpha \approx 44{,}4°}}$$

eindeutig nach SSS

(eindeutig, da für $0° \leqq \alpha < 180°$ die cos-Werte aller α verschieden sind!)

2. Der Sinussatz

Im spitzwinkligen Dreieck ABC gilt:

$\sin\alpha = \dfrac{h_c}{b} \quad \Rightarrow \quad \text{I:} \quad h_c = b \cdot \sin\alpha$

$\sin\beta = \dfrac{h_c}{a} \quad \Rightarrow \quad \text{II:} \quad h_c = a \cdot \sin\beta$

$\text{I} = \text{II:} \quad b \cdot \sin\alpha = a \cdot \sin\beta$

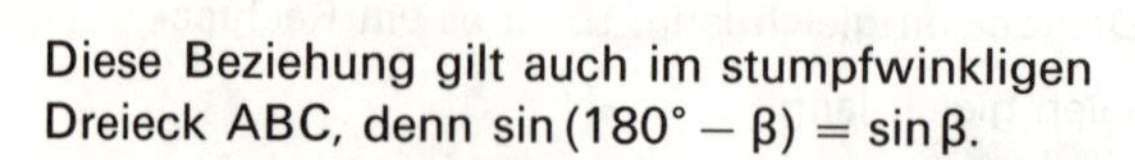

Diese Beziehung gilt auch im stumpfwinkligen Dreieck ABC, denn $\sin(180° - \beta) = \sin\beta$.

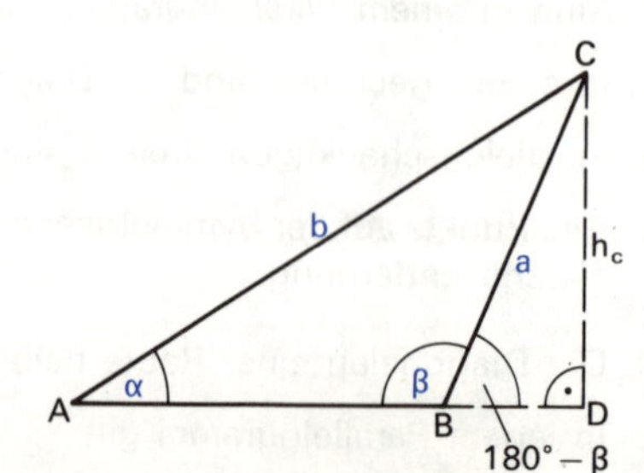

Entsprechendes gilt auch für zwei andere Seiten und ihre Gegenwinkel.

In jedem Dreieck gilt:

$\dfrac{a}{b} = \dfrac{\sin\alpha}{\sin\beta} \qquad \dfrac{a}{c} = \dfrac{\sin\alpha}{\sin\gamma} \qquad \dfrac{b}{c} = \dfrac{\sin\beta}{\sin\gamma}$

Beispiel:

Gegeben: $a = 5{,}0\,\text{cm};\ c = 7{,}0\,\text{cm};\ \alpha = 40{,}0°$

Gesucht: γ

$$\frac{a}{c} = \frac{\sin\alpha}{\sin\gamma}$$

$$\sin\gamma = \frac{c \cdot \sin\alpha}{a} = \frac{7 \cdot \sin 40°}{5} = 0{,}899902\ldots$$

Da γ auch stumpf sein kann, gibt es zwei Lösungen:

$\underline{\underline{\gamma_1 \approx 64{,}1°}}$; $\underline{\underline{\gamma_2 \approx 180° - 64{,}1° = 115{,}9°}}$

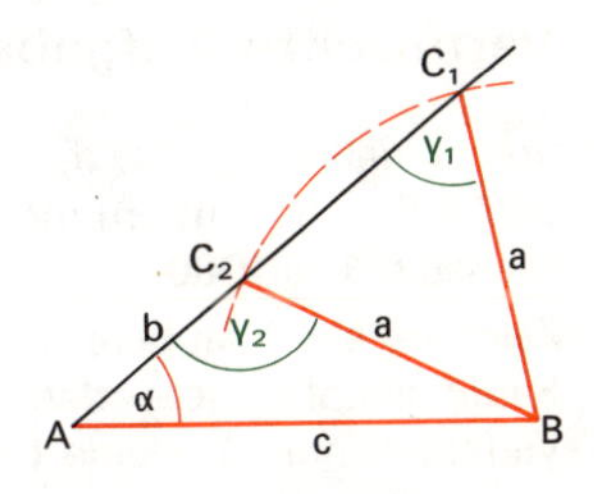

nicht eindeutig, da α der Gegenwinkel der kleineren Seite ist: SSW_{kl}

1. Zeichne ein Dreieck ABC und bezeichne $\overrightarrow{AB}$ mit $\vec{c}$, $\overrightarrow{AC}$ mit $\vec{b}$ und $\overrightarrow{CB}$ mit $\vec{a}$.
   a) Drücke $\vec{b}$ durch $\vec{a}$ und $\vec{c}$ aus!
   b) Multipliziere jede Seite der so erhaltenen Gleichung mit sich selbst!
   c) Formuliere einen Satz über die drei Seiten und einen der Innenwinkel!

2. Welcher Satz ergibt sich aus dem Kosinussatz, falls ein Innenwinkel 90° beträgt?

3. Ein Dreieck ist gegeben durch
   a) $a = 7\,\text{cm};\ b = 12\,\text{cm};\ \gamma = 50°$
   °b) $b = 5\,\text{cm};\ c = 4\,\text{cm};\ \alpha = 30°$
   c) $a = 3\,\text{cm};\ b = 4\,\text{cm};\ c = 5\,\text{cm}$
   °d) $a = 5\,\text{cm};\ b = 13\,\text{cm};\ c = 12\,\text{cm}$

   Bestimme die fehlende Seite und die fehlenden Winkel! Kontrolle durch Konstruktion!

4. In nebenstehendem Dreieck sind die Höhe h_c und die Seiten a, b und c als Vektoren dargestellt.
   a) Drücke $\vec{c}$ durch $\vec{a}$ und $\vec{b}$ aus!
   b) Multipliziere beide Seitenvektoren der so erhaltenen Gleichung skalar mit dem Vektor h_c!
   c) Leite eine Beziehung zwischen a und b und den Sinuswerten von α und β her!

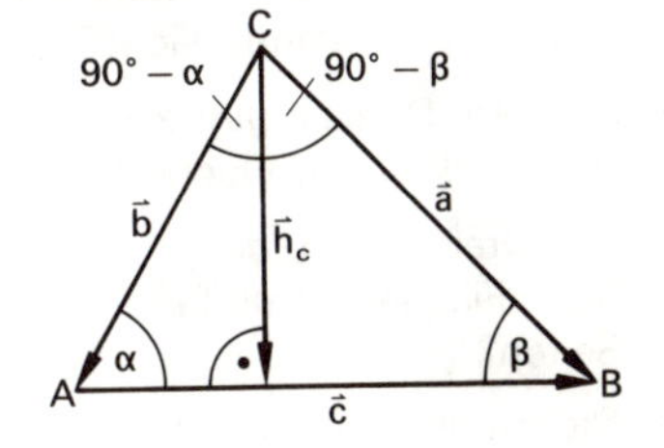

5. Ein Dreieck ist gegeben durch
   a) $a = 30\,\text{cm};\ \alpha = 20°;\ \beta = 50°$
   °b) $c = 5\,\text{cm};\ \gamma = 40°;\ \beta = 60°$
   c) $a = 13\,\text{cm};\ b = 15\,\text{cm};\ \alpha = 37°$
   °d) $a = 13\,\text{cm};\ b = 15\,\text{cm};\ \beta = 37°$

   Bestimme jeweils die fehlenden Seiten und Winkel! Kontrolle durch Konstruktion!

6. Berechne die fehlenden Größen der Dreiecke! (Längen in cm)

	a)	b)	c)	°d)	e)	°f)	°g)	°h)	°i)	°k)	°l)
a	7	5	–	–	–	8	3	4	5	–	7
b	8	–	7	10	8	6	4	–	4	–	–
c	9	–	8	–	4	–	5	10	–	–	6
α	–	50°	30°	70°	–	–	–	40°	60°	30°	–
β	–	60°	–	–	–	–	–	–	–	40°	–
γ	–	–	–	50°	30°	90°	–	–	–	20°	45°

Vermischte Aufgaben

1. Vom Tegelberg (1707 m ü. d. M.) erscheint der Säulingsgipfel unter einem Höhenwinkel von 5,6°. Die Entfernung Tegelberg–Säuling beträgt 6,8 cm auf der Wanderkarte im Maßstab 1 : 50000.

   Zeichne eine saubere Skizze und berechne aus obigen Angaben, wie hoch der Säulingsgipfel über dem Meeresspiegel liegt! Begründe, warum das angewandte Verfahren nur für kleine Entfernungen geeignet ist.

2. Ein Ozeandampfer wird von zwei Schleppern aus dem Hafen gezogen. Der Schlepper „Albatros" zieht mit einer Kraft von 100 MN, der Schlepper „Schwalbe" zieht mit 80 MN. Die Zugtrossen, an denen beide ziehen, bilden miteinander einen Winkel von 28°.

   a) Wie groß ist die resultierende Kraft, mit der der Dampfer gezogen wird?

   b) Welchen Winkel schließt die resultierende Kraft mit der Trosse zum Schlepper „Albatros" ein?

°3. In einem Parallelogramm schließen die Diagonalen $e = 17{,}8$ cm und $f = 21{,}5$ cm einen Winkel von 62,6° ein. Berechne Seitenlängen und Innenwinkel des Parallelogramms!

4. In einem Dreieck gilt: $\alpha = 20°$, $\beta = 60°$. In welchem Verhältnis stehen die Seiten?

°5. In einem Dreieck gilt: $a = 6$ cm; $b = 7$ cm; $c = 8$ cm. Wie groß sind die Winkel?

6. Zeige: Im Dreieck teilt jede Winkelhalbierende die gegenüberliegende Seite im Verhältnis der anliegenden Seiten!

°7. Die Kräfte $F_1 = 30$ N; $F_2 = 50$ N und $F_3 = 70$ N heben sich auf (Vektorsumme Null!). Wie groß sind ihre Zwischenwinkel?

8. Ein Dreieck hat die Seitenlängen 3 cm, 4 cm und 7 cm. Wie groß ist seine Fläche?

9. In einem Dreieck gilt: $\alpha = 40°$; $\beta = 110°$ und $b = 13{,}5$ cm. Wie groß ist die Fläche des Dreiecks?

10. Ein Dreieck hat das Seitenverhältnis $a : b : c = 5 : 12 : 13$. Sein Flächeninhalt beträgt 100 dm². Wie lang sind die Seiten?

°11. Die Entfernung zweier Punkte P und Q kann nicht direkt bestimmt werden, da zwischen ihnen ein See liegt.

   Von Punkt Q aus wird eine sogenannte Standlinie [QR] von 80 m Länge abgesteckt.

   Es werden $\sphericalangle QRP = 60°$ und $\sphericalangle PQR = 47°$ gemessen.

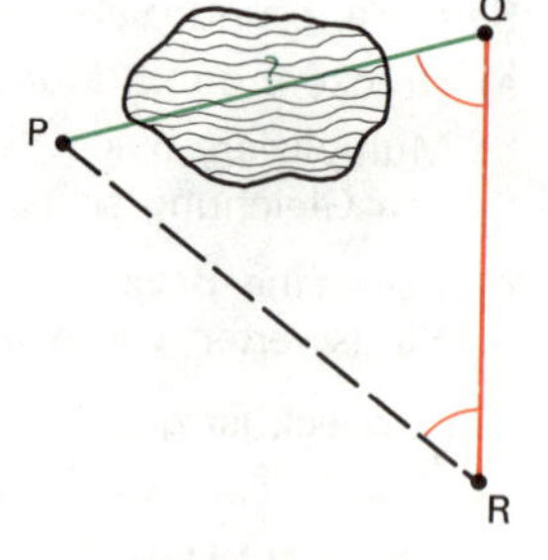

12. Zwischen den Orten A-Dorf und B-Stadt liegt ein Berg. Die Bürgermeister beider Orte vereinbaren, eine geradlinige Verbindungsstraße zu bauen. Um Lage und Länge des notwendigen Tunnels zu bestimmen, werden von einem Punkt C aus, von dem man sowohl A-Dorf als auch B-Stadt sehen kann, die Entfernungen $\overline{CA} = 1318$ m und $\overline{CB} = 1940$ m sowie $\sphericalangle ACB = 78{,}3°$ gemessen.

    Unter welchem Winkel gegenüber der Strecke [AC] muß der Tunnel in den Berg getrieben werden?

13. Ein 45 m hoher Turm, der am Fuße eines Südhanges steht, wirft zur Mittagszeit einen 22 m langen Schatten auf diesen Hang. Unter welchem Winkel ist der Hang gegen die Waagrechte geneigt, wenn der Höhenwinkel der Sonne 50° beträgt?

14. Im Gebirge soll die Entfernung zweier benachbarter Berggipfel P und Q bestimmt werden. Dazu wird in einem Tal eine Standlinie [AB] so abgesteckt, daß die Dreiecke ABP und ABQ in einer Ebene liegen.
Es ergeben sich folgende Meßwerte:

$\overline{AB} = 1730{,}0$ m;
$\alpha_1 = 100{,}72°$;
$\alpha_2 = 45{,}02°$;
$\beta_1 = 40{,}17°$;
$\beta_2 = 117{,}43°$
Berechne $\overline{PQ}$!

15. Man möchte die Entfernung der beiden Punkte A und B bestimmen, kann sie aber wegen eines Hindernisses nicht unmittelbar messen. Dagegen kennt man z. B. aus einer Karte, in der die Punkte A und B nicht eingetragen sind, die Entfernung der beiden Punkte T_1 und T_2, die sowohl von A als auch von B aus zu sehen sind. Mißt man die Winkel $\sphericalangle BAT_1$, $\sphericalangle BAT_2$, $\sphericalangle ABT_1$ und $\sphericalangle ABT_2$, so kann man $\overline{AB}$ durch eine Ähnlichkeitskonstruktion bestimmen bzw. entsprechend berechnen.
Berechne $\overline{AB}$ für:

a)	b)
$\overline{T_1T_2} = 42{,}340$ km	$\overline{T_1T_2} = 120{,}86$ m
$\sphericalangle BAT_1 = 110{,}07°$	$\sphericalangle BAT_1 = 103{,}12°$
$\sphericalangle BAT_2 = 49{,}35°$	$\sphericalangle BAT_2 = 85{,}42°$
$\sphericalangle ABT_1 = 38{,}85°$	$\sphericalangle ABT_1 = 32{,}81°$
$\sphericalangle ABT_2 = 69{,}15°$	$\sphericalangle ABT_2 = 50{,}59°$

16. Von einem 12 m über dem Wasserspiegel liegenden Punkt am Ufer eines Sees sieht man eine Bergspitze unter einem Höhenwinkel von $\alpha = 10°$, ihr Spiegelbild im Wasser unter dem Tiefenwinkel $\beta = 12°$. Wie hoch ist der Berggipfel über dem See? (Beachte das Reflexionsgesetz: $\varepsilon = \varepsilon'$)

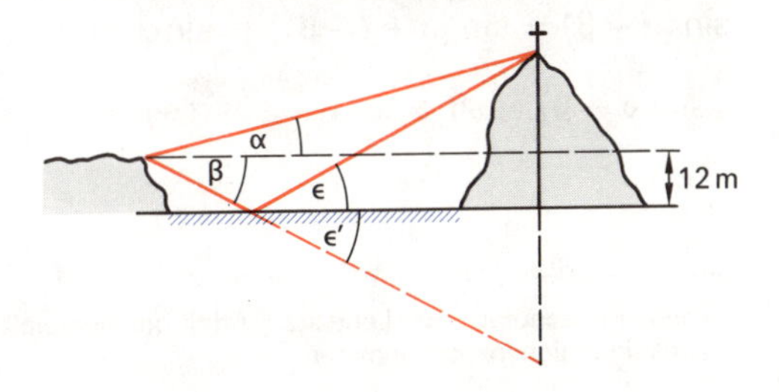

[ ] Additionstheoreme[1] von Sinus und Kosinus

Sinus bzw. Kosinus von Summe und Differenz zweier Winkel

Für die Vektoren $\vec{a}$ und $\vec{b}$ gilt:

$$\vec{a} = (a \cdot \cos\alpha) \cdot \vec{i} + (a \cdot \sin\alpha) \cdot \vec{j} = \begin{pmatrix} a \cdot \cos\alpha \\ a \cdot \sin\alpha \end{pmatrix}$$

$$\vec{b} = (b \cdot \cos\beta) \cdot \vec{i} + (b \cdot \sin\beta) \cdot \vec{j} = \begin{pmatrix} b \cdot \cos\beta \\ b \cdot \sin\beta \end{pmatrix}$$

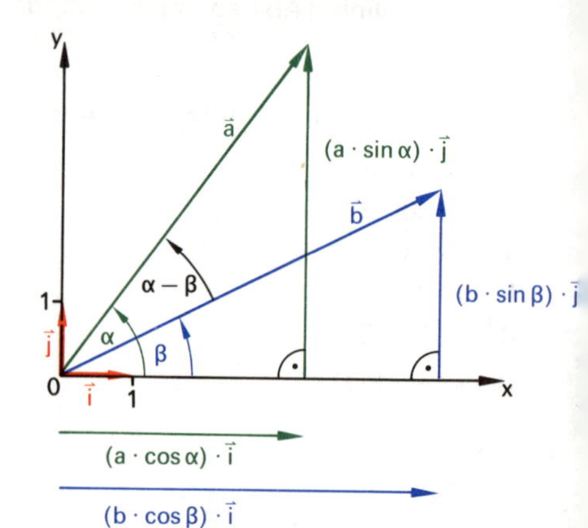

Wir bilden ihr Skalarprodukt auf zwei Arten:

I $\quad \vec{a} \cdot \vec{b} = a \cdot b \cdot \cos(\alpha - \beta)$

II $\quad \vec{a} \cdot \vec{b} = \begin{pmatrix} a \cdot \cos\alpha \\ a \cdot \sin\alpha \end{pmatrix} \cdot \begin{pmatrix} b \cdot \cos\beta \\ b \cdot \sin\beta \end{pmatrix}$

I = II $\quad a \cdot b \cdot \cos(\alpha - \beta) = a \cdot b \cdot \cos\alpha \cdot \cos\beta + a \cdot b \cdot \sin\alpha \cdot \sin\beta$

Nach Division der Gleichung durch $a \cdot b$ erhält man:

$$\cos(\alpha - \beta) = \cos\alpha \cos\beta + \sin\alpha \sin\beta$$

Eine Formel für $\cos(\alpha + \beta)$ erhält man durch die Umformung
$\cos(\alpha + \beta) = \cos(\alpha - (-\beta)) = \cos\alpha \cos(-\beta) + \sin\alpha \sin(-\beta)$:

$$\cos(\alpha + \beta) = \cos\alpha \cos\beta - \sin\alpha \sin\beta$$

Entsprechende Formeln für den Sinus erhält man über die Komplementärformel:
$\sin(\alpha + \beta) = \cos(90° - (\alpha + \beta)) = \cos((90° - \alpha) - \beta)$, also:
$\sin(\alpha + \beta) = \cos(90° - \alpha)\cos\beta + \sin(90° - \alpha)\sin\beta$

$$\sin(\alpha + \beta) = \sin\alpha \cos\beta + \cos\alpha \sin\beta$$

Eine Formel für $\sin(\alpha - \beta)$ erhält man durch die Umformung
$\sin(\alpha - \beta) = \sin(\alpha + (-\beta)) = \sin\alpha \cos(-\beta) + \cos\alpha \sin(-\beta)$

$$\sin(\alpha - \beta) = \sin\alpha \cos\beta - \cos\alpha \sin\beta$$

---

[1] Theorem bedeutet Satz, Lehrsatz. „Additionstheorem" ist eine traditionelle Bezeichnung für Sätze über Winkelfunktionen von Summen.

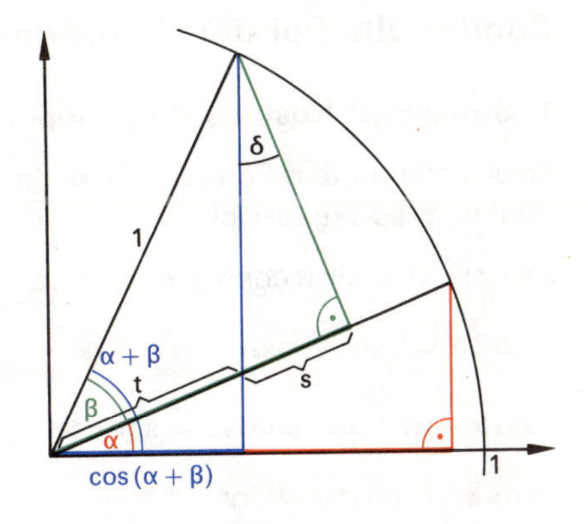

1. Andrea behauptet:
   $\cos(\alpha+\beta) \neq \cos\alpha + \cos\beta$
   Sie belegt dies mit einem Gegenbeispiel mit $\alpha = 60°$ und $\beta = 30°$.
   Prüfe nach! (Reicht dieses eine Beispiel als Beleg?)

[] 2. Bestimme in nebenstehender Zeichnung der Reihe nach die Größen

   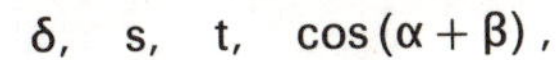
   δ, s, t, $\cos(\alpha+\beta)$,

   wenn bekannt sind:

   $\sin\alpha$, $\cos\alpha$, $\sin\beta$, $\cos\beta$.

   Kennzeichne zunächst die bekannten Größen in der Zeichnung!

3. Zeige, daß die Additionstheoreme für Sinus und Kosinus auch gültig sind für
   a) $\beta > \alpha$, °b) negative Winkel, °c) Winkel größer 360°!

4. Bestimme ohne Taschenrechner:
   a) $\sin 15°$ e) $\cos 195°$ i) $\sin(-105°)$ n) $\cos 375°$
   °b) $\cos 15°$ °f) $\sin 195°$ °k) $\cos(-105°)$ °o) $\sin 375°$
   c) $\sin 75°$ g) $\cos 285°$ l) $\sin(-15°)$ p) $\cos 795°$
   °d) $\cos 75°$ °h) $\sin 285°$ °m) $\cos(-15°)$ °q) $\sin 795°$

5. Berechne für $\cos\alpha = \frac{15}{17}$ und $\cos\beta = \frac{12}{13}$:
   a) $\sin(\alpha+\beta)$ c) $\cos(\alpha+\beta)$ e) $\tan(\alpha+\beta)$
   °b) $\sin(\alpha-\beta)$ °d) $\cos(\alpha-\beta)$ °f) $\tan(\alpha-\beta)$

   Wie viele Lösungen gibt es jeweils?

6. Zeige die Gültigkeit folgender Beziehungen:
   a) $\sin\alpha\sin\beta = \frac{1}{2}(\cos(\alpha-\beta) - \cos(\alpha+\beta))$
   °b) $\cos\alpha\cos\beta = \frac{1}{2}(\cos(\alpha-\beta) + \cos(\alpha+\beta))$
   °b) $\sin\alpha\cos\beta = \frac{1}{2}(\sin(\alpha+\beta) + \sin(\alpha-\beta))$

7. Vereinfache so weit wie möglich!
   a) $\sin\left(\frac{\pi}{2}+x\right) + \cos\left(\frac{\pi}{2}-x\right)$ c) $\cos\left(x+\frac{\pi}{6}\right) + \cos\left(\frac{\pi}{6}-x\right)$
   °b) $\cos\left(\frac{\pi}{3}-x\right) - \sin\left(\frac{\pi}{4}+x\right)$ °d) $\sin\left(\frac{7}{6}\pi - x\right) - \sin\left(x+\frac{5}{3}\pi\right)$

Sonderfälle bei den Additionstheoremen

1. Sinus und Kosinus des doppelten Winkels

Ersetzt man in den Formeln für $\sin(a+\beta)$ und $\cos(\alpha+\beta)$ den Winkel β durch den Winkel α, so ergibt sich

$\sin(\alpha+\alpha) = \sin\alpha\cos\alpha + \cos\alpha\sin\alpha$, also

$$\sin 2\alpha = 2\sin\alpha\cos\alpha$$

$\cos(\alpha+\alpha) = \cos\alpha\cos\alpha - \sin\alpha\sin\alpha$, also

$$\cos 2\alpha = \cos^2\alpha - \sin^2\alpha$$

Mit $\sin^2\alpha + \cos^2\alpha = 1$ ergeben sich

$$\cos 2\alpha = 1 - 2\cdot\sin^2\alpha \qquad \text{bzw.} \qquad \cos 2\alpha = 2\cdot\cos^2\alpha - 1$$

2. Sinus und Kosinus des halben Winkels

Ersetzt man in den oben stehenden Formeln 2α durch α und entsprechend α durch $\frac{\alpha}{2}$, so erhält man:

$$\sin\alpha = 2\sin\frac{\alpha}{2}\cos\frac{\alpha}{2} \qquad \cos\alpha = 1 - 2\sin^2\frac{\alpha}{2}$$

$$\cos\alpha = \cos^2\frac{\alpha}{2} - \sin^2\frac{\alpha}{2} \qquad \cos\alpha = 2\cos^2\frac{\alpha}{2} - 1$$

3. Summe und Differenz von Sinus bzw. Kosinus zweier Winkel

Es gelten die Additionstheoreme

$$\begin{array}{ll} \text{I} & \sin(\gamma+\delta) = \sin\gamma\cos\delta + \cos\gamma\sin\delta \\ \text{II} & \sin(\gamma-\delta) = \sin\gamma\cos\delta - \cos\gamma\sin\delta \\ \hline \text{I + II} & \sin(\gamma+\delta) + \sin(\gamma-\delta) = 2\cdot\sin\gamma\cos\delta \end{array}$$

Setzt man $\gamma+\delta=\alpha$ (1) und $\gamma-\delta=\beta$ (2) so ergibt sich

durch Addition von (1) und (2) $\gamma = \frac{\alpha+\beta}{2}$,

durch Subtraktion von (1) und (2) $\delta = \frac{\alpha-\beta}{2}$.

Mit diesen Substitutionen ergibt sich aus I + II:

$$\sin\alpha + \sin\beta = 2\sin\frac{\alpha+\beta}{2}\cdot\cos\frac{\alpha-\beta}{2}$$

Analog erhält man:

$$\sin\alpha - \sin\beta = 2\sin\frac{\alpha-\beta}{2}\cdot\cos\frac{\alpha+\beta}{2}$$

$$\cos\alpha + \cos\beta = 2\cos\frac{\alpha+\beta}{2}\cdot\cos\frac{\alpha-\beta}{2}$$

$$\cos\alpha - \cos\beta = -2\sin\frac{\alpha+\beta}{2}\cdot\sin\frac{\alpha-\beta}{2}$$

1. Berechne aus $\cos\varphi = -\frac{12}{13}$; $\varphi \in [90°; 180°]$
   a) $\sin 2\varphi$ b) $\cos 2\varphi$ c) $\tan 2\varphi$!

°2. Berechne aus $\sin\varphi = \frac{15}{17}$; $\varphi \in [90°; 180°]$
   a) $\sin 2\varphi$ b) $\cos 2\varphi$ c) $\tan 2\varphi$!

3. Gegeben ist
   a) $\sin\varphi = -\frac{5}{13}$ °b) $\cos\varphi = \frac{3}{5}$
   Berechne Sinus, Kosinus und Tangens des doppelten Winkels für $\varphi \in [0°; 360°]$!

4. Zeige die Gültigkeit folgender Beziehungen:
   a) $\sin 3\varphi = 3\sin\varphi - 4\sin^3\varphi$ °b) $\cos 3\varphi = 4\cos^3\varphi - 3\cos\varphi$

5. Berechne aus $\cos\varphi = -\frac{12}{13}$; $\varphi \in [90°; 180°]$
   a) $\sin\frac{\varphi}{2}$ b) $\cos\frac{\varphi}{2}$ c) $\tan\frac{\varphi}{2}$!

°6. Berechne aus $\sin\varphi = \frac{15}{17}$; $\varphi \in [90°; 180°]$
   a) $\sin\frac{\varphi}{2}$ b) $\cos\frac{\varphi}{2}$ c) $\tan\frac{\varphi}{2}$!

7. Gegeben ist a) $\sin\varphi = -\frac{5}{13}$ °b) $\cos\varphi = \frac{3}{5}$.
   Berechne Sinus, Kosinus und Tangens des halben Winkels für $\varphi \in [0°; 360°]$!

8. Vereinfache so weit wie möglich! Verwende die Additionstheoreme und die Formeln für Sinus und Kosinus des halben Winkels!
   a) $2\sin\frac{\alpha+\beta}{2}\cos\frac{\alpha-\beta}{2}$ b) $2\cos\frac{\alpha+\beta}{2}\cos\frac{\alpha-\beta}{2}$.

9. Zeige ohne Verwendung des Taschenrechners:
   a) $\sin 40° + \sin 20° = \cos 10°$ °b) $\cos 140° + \cos 20° = \sin 10°$

10. Berechne mit Hilfe der Formeln!
    a) $\frac{\sin x + \sin y}{\cos x - \cos y}$ °b) $\frac{\cos x - \cos y}{\cos x + \cos y}$ °c) $\frac{\sin x + \sin y}{\sin x - \sin y}$

11. Für Könner! Von welcher Art ist ein Dreieck, wenn
    a) $\cos\alpha + \cos\beta = \sin\gamma$ b) $2\cdot\cos\alpha\cdot\sin\beta = \sin\gamma$?

12. Zeige: Der Graph der Funktion mit der Gleichung $y = \sin x + \cos x$ ist eine in Richtung der y-Achse gestreckte und in Richtung der x-Achse verschobene Sinus-Kurve! ($x \in \mathbb{R}$; x steht für das Bogenmaß eines Winkels!)

Goniometrische Gleichungen[1]

Gleichungen, bei denen die Variablen in Zusammenhang mit trigonometrischen Funktionen auftreten, nennt man goniometrische Gleichungen. Derartige Gleichungen können oft durch Anwendung der bekannten Formeln wie z. B. Komplementärformeln, trigonometrischer Pythagoras, Additionstheoreme usw. gelöst werden.

Beachte: Wir verwenden nun wieder die Variable x, die das *Bogenmaß* eines Winkels bezeichnet!
Die Grundmenge sei immer $G = [0; 2\pi[$, sofern nichts anderes vereinbart wird.
Gegebenenfalls muß auch berücksichtigt werden, daß die in der Gleichung vorkommenden Terme nicht für alle x-Werte der Grundmenge definiert sind! (Definitionsmenge bzw. Probe!)

Beispiele:

a)

$2 + \sin 2x$	$= 2\cos^2 x$	
$2 + 2\sin x \cos x$	$= 2\cos^2 x$	Additionstheoreme
$1 + \sin x \cos x$	$= \cos^2 x$	Division durch 2
$1 + \sin x \cos x$	$= 1 - \sin^2 x$	trigonometrischer Pythagoras
$\sin^2 x + \sin x \cos x$	$= 0$	„Nullform"
$\sin x (\sin x + \cos x)$	$= 0$	Produktform

1. Fall: $\sin x = 0$: $\quad \underline{x_1 = 0}; \quad \underline{x_2 = \pi}$

2. Fall: $\sin x + \cos x = 0$

$\sin x = -\cos x \quad |:\cos x \; (\neq 0)$ [2]

$\tan x = -1$: $\quad \underline{x_4 = \frac{3}{4}\pi}; \quad \underline{x_5 = \frac{7}{4}\pi}$

Zusammen: $\underline{\underline{L = \{0; \frac{3}{4}\pi; \pi; \frac{7}{4}\pi\}}}$

b)

$2\sin x - \cos^2 x$	$= 0$	
$2\sin x - (1 - \sin^2 x)$	$= 0$	trigonometrischer Pythagoras
$\sin^2 x + 2\sin x - 1$	$= 0$	
$u^2 + 2u - 1$	$= 0$	Substitution $u = \sin x$
$u^2 + 2u + 1$	$= 2$	quadratische Ergänzung
$(u+1)^2$	$= 2$	binomische Formel
$u + 1$	$= \pm\sqrt{2}$	

1. Fall:

$u = -1 + \sqrt{2}$

$\sin x = -1 + \sqrt{2}$

$\underline{x_1 \approx 0{,}427}$

$\underline{\underline{x_2 \approx \pi - 0{,}427 \approx 2{,}715}}$

2. Fall:

$u = -1 - \sqrt{2}$

$\sin x = -1 - \sqrt{2} < -1$

unerfüllbar!

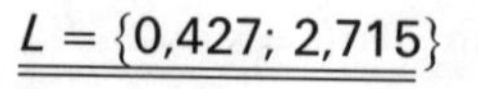

$\underline{\underline{L = \{0{,}427; 2{,}715\}}}$

---

[1] Alternative zum Kapitel „Geometrische Beweise mit Hilfe des Skalarprodukts", Seite G 56

[2] Da $\cos x = 0 \Rightarrow \sin x \neq 0$, scheiden im 2. Fall Lösungen mit $\cos x = 0$ von vorneherein aus!

c) $\sin x + \cos x = a$ mit $a \in \{\frac{1}{2}\sqrt{2}; \sqrt{2}; \sqrt{3}\}$

$\sin x + \sin\left(\frac{\pi}{2} - x\right) = a$ Komplementärformel

$2\sin\frac{\pi}{4} \cdot \cos\frac{2x - \frac{\pi}{2}}{2} = a$ Summenformel

$\sqrt{2} \cdot \cos\left(x - \frac{\pi}{4}\right) = a$ $\sin\frac{\pi}{4} = \frac{1}{2}\sqrt{2}$

$\cos\left(x - \frac{\pi}{4}\right) = \frac{a}{\sqrt{2}}$ Division durch $\sqrt{2}$

$\underline{a = \frac{1}{2}\sqrt{2}:}$

$\cos\left(x - \frac{\pi}{4}\right) = \frac{1}{2}$

$x_1 - \frac{\pi}{4} = \frac{\pi}{3} \Rightarrow \underline{x_1 = \frac{7}{12}\pi}$

$x_2 - \frac{\pi}{4} = \frac{5}{3}\pi \Rightarrow \underline{x_2 = \frac{23}{12}\pi}$

$\underline{\underline{L = \{\frac{7}{12}\pi; \frac{23}{12}\pi\}}}$

$\underline{a = \sqrt{2}:}$

$\cos\left(x - \frac{\pi}{4}\right) = 1$

$x_1 - \frac{\pi}{4} = 0 \Rightarrow \underline{x_1 = \frac{\pi}{4}}$

$x_2 - \frac{\pi}{4} = 2\pi \Rightarrow x_2 = \frac{9}{4}\pi \notin G$

$\underline{\underline{L = \left\{\frac{\pi}{4}\right\}}}$

$\underline{a = \sqrt{3}:}$

$\cos\left(x - \frac{\pi}{4}\right) = \frac{\sqrt{3}}{\sqrt{2}}$

Da $\frac{\sqrt{3}}{\sqrt{2}} > 1$, ist

$\underline{\underline{L = \{\}}}$

Eine graphische Darstellung der Funktion mit der Gleichung $y = \sin x + \cos x$ verdeutlicht den Zusammenhang:

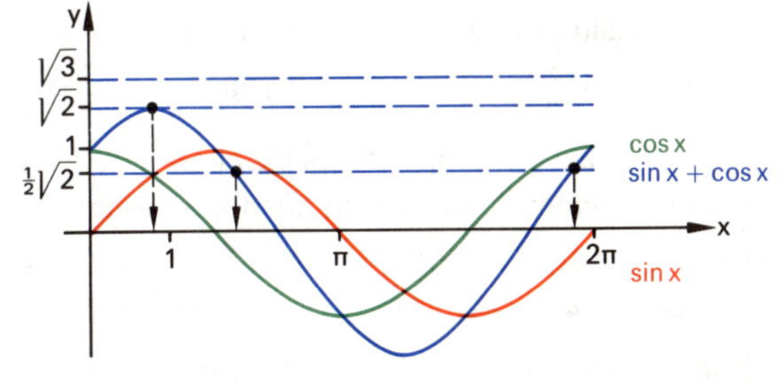

d) $\tan x = \frac{1}{\sin 2x}$

$\tan x$ ist nicht definiert für $x = \frac{\pi}{2}$ und $x = \frac{3}{2}\pi$. Der Nenner $\sin 2x$ wird Null für $x = 0$; $x = \frac{\pi}{2}$; $x = \pi$ und $x = \frac{3}{2}\pi$. Also: $D = [0; 2\pi[\setminus \left\{0; \frac{\pi}{2}; \pi; \frac{3}{2}\pi\right\}$

Lösung der Gleichung:

$\frac{\sin x}{\cos x} = \frac{1}{2\sin x \cos x} \Rightarrow 2\sin^2 x \cos x - \cos x = 0 \Rightarrow \cos x \cdot (2\sin^2 x - 1) = 0$

1. Fall: $\cos x = 0$: $x_1 = \frac{\pi}{2} \notin D$; $x_2 = \frac{3}{2}\pi \notin D$

2. Fall: $2\sin^2 x - 1 = 0$

$\sin x = \pm\frac{1}{2}\sqrt{2}$: $\underline{x_3 = \frac{\pi}{4}}$; $\underline{x_4 = \frac{3}{4}\pi}$; $\underline{x_5 = \frac{5}{4}\pi}$; $\underline{x_6 = \frac{7}{4}\pi}$

$\underline{\underline{L = \left\{\frac{\pi}{4}; \frac{3}{4}\pi; \frac{5}{4}\pi; \frac{7}{4}\pi\right\}}}$

Aufgaben 1. bis 12.: Bestimme jeweils die Lösungsmenge für $G = [0; 2\pi[$! Beachte die Definitionsmengen der Gleichungen!

[]1. a) $\sin x = \frac{1}{2}\sqrt{3}$ °c) $\sin x = \frac{1}{2}$ e) $\tan x = \sqrt{3}$
b) $\cos x = -\frac{1}{2}$ °d) $\cos x = \sqrt{2}$ °f) $\tan x = -1$

[]2. a) $\sin\left(\frac{\pi}{2} - x\right) = \frac{1}{2}\sqrt{2}$ °c) $\sin\left(\frac{\pi}{2} - x\right) = 1$ e) $\sin\left(\frac{\pi}{2} - x\right) = \sqrt{2}$
b) $\cos\left(\frac{\pi}{2} - x\right) = -\frac{1}{2}\sqrt{3}$ °d) $\cos\left(\frac{\pi}{2} - x\right) = -\frac{1}{2}$ °f) $\cos\left(\frac{\pi}{2} - x\right) = -\sqrt{2}$

[]3. a) $\sin\left(x - \frac{\pi}{4}\right) = \frac{1}{2}\sqrt{2}$ c) $\sin\left(\frac{\pi}{4} + x\right) = \frac{1}{2}\sqrt{2}$ e) $\tan(x + 2) = 5$
b) $\cos(\pi - x) = \frac{1}{2}$ °d) $\cos\left(x + \frac{\pi}{3}\right) = 0$ °f) $\tan(1 - x) = \frac{1}{2}$

[]4. a) $\cos x - \sin x = 0$ °c) $\sin x + \cos x = 0$ e) $\sqrt{3}\tan x - 6\cos x = 0$
b) $\sqrt{3} \cdot \sin x + \cos x = 0$ °d) $\sqrt{3}\cos x + \sin x = 0$ °f) $\tan x + \sin x = 0$

[]5. a) $2\sin x \cos x = 1$ °c) $\sin\frac{x}{2}\cos\frac{x}{2} = \frac{1}{4}$ e) $2\cos^2\frac{x}{2} - \cos x = 0$
b) $\cos^2 x = \sin^2 x + 1$ °d) $\cos^2\frac{x}{2} = \sin^2\frac{x}{2} + \frac{1}{2}$ °f) $\sin^2\frac{x}{2} + \frac{1}{2}\cos x = 1$

[]6. a) $\sin^2 x - \sin 2x = 0$ c) $\tan x = 2\sin x$ °e) $\sin 2x = \tan x$
b) $\sin x = \sin^2\frac{x}{2}$ °d) $\tan^2 x = 3\sin x$ °f) $2\sin 2x = \tan x$

[]7. $\sin 2x + \cos 2x = a$ mit $a \in \{\frac{1}{2}\sqrt{2}; \sqrt{2}; \sqrt{3}\}$ (vgl. Beispiel c)!)
Veranschauliche die Lösungen auch graphisch!

[]8. a) $\sin^2 x + 2\sin x + \frac{1}{4} = 0$ °c) $4\sin^2 x + 4\sin x + 1 = 0$
b) $2\cos^2 x - 4\cos x = -2$ °d) $\sin^2 x - \cos^2 x = 0$

[]9. a) $\sin x + 3\cos^2 x = 2$ °c) $3\sin x + 4\cos^2 x = 3$
b) $\sin x + \cos 2x = 1$ °d) $2\cos^2 x + \sin 2x = 2$

[]10. a) $2\sin x - 3\cos x = 4$ °c) $3\sin x - 2\cos x = -1$
b) $5 + 3\cos 2x = 2\sin x$ °d) $\sin x - 2\cos 2x + 2 = 0$

[]11. a) $2\cos x - 3\tan x = 0$
b) $1 + \frac{1}{\tan^2 x} = 4\cos^2 x$
c) $\tan^2 x - \sin x \cdot \sqrt{1 + \tan^2 x} = 0$
d) $\cos\frac{x}{2} - \cos x + 0{,}5 = 0$
e) $\cos^2 2x - \sin 2x - \frac{1}{4} = 0$
f) $\tan x - \frac{1}{\tan x} = 2$
g) $\tan 2x = 2\tan x$
h) $\frac{8}{\tan^2 x} - 3\cos x = 0$
i) $\sin\left(x - \frac{\pi}{6}\right) = 2\sin x$
k) $\cos\left(\frac{\pi}{3} - x\right) = 3\sin x$
l) $\frac{1}{\tan x} + \tan x = 1$

[]12. a) $\sin x = \sqrt{\frac{1 - \cos 2x}{2}}$ (!) b) $\cos x = \sqrt{\frac{1 + \cos 2x}{2}}$ (!) c) $\tan 2x = \frac{2\tan x}{1 - \tan^2 x}$ (!)

13. $\cos^2\varphi - \sin^2\varphi - \frac{1}{4} = 0$; $G = [0°; 360°[$

14. $\cos\varphi < \frac{1}{2}$; $G = [0°; 360°[$

*15. Es sei $T_1(x) = \sin x - \sqrt{1-\cos^2 x}$ und $T_2(x) = \sin x - \tan x\sqrt{1-\sin^2 x}$
Bestimme die Lösungsmenge folgender Gleichungen mit $G = [0; 2\pi[$:
a) $T_1(x) \cdot T_2(x) = 0$ b) $(T_1(x))^2 + (T_2(x))^2 = 0$

*16. Das nebenstehende Struktogramm beschreibt ein Verfahren, das wiederholt durch lineare Interpolation[1] aus zwei vorhandenen Näherungswerten x_1 und x_2 für die Lösung der Gleichung $f(x) = 0$ einen neuen, meist besseren Näherungswert x_N ermittelt.
Erkläre das Verfahren anhand der Zeichnung!
(Es heißt *Sekantenverfahren* oder *Regula falsi* und ist seit vielen hundert Jahren bekannt.)

Lies x_1, x_2, e	
$y_1 := f(x_1)$ [2]	
$y_2 := f(x_2)$	
Wiederhole	$x_N := x_2 - \frac{x_2 - x_1}{y_2 - y_1} \cdot y_2$
	$x_1 := x_2$
	$x_2 := x_N$
	$y_1 := y_2$
	$y_2 := f(x_N)$
bis $\lvert y_2 \rvert < e$	
Schreibe x_2, y_2	

*17. Teste das in Aufgabe 16 angegebene Verfahren mit einem Computer (PASCAL-Programm siehe unten) an den Gleichungen von Seite G 68 und G 69! Experimentiere mit verschiedenen Anfangsnäherungen und Genauigkeiten! Ergänze das Programm so, daß die Zahl der Wiederholungen ermittelt wird!
(Die Gleichungen müssen zunächst in die Form $f(x) = 0$ gebracht werden!)

```
program regula_falsi;

var x1, x2, y1, y2 ,xn, e :real;

function f(x:real) :real;
  begin
    f:= 2 + sin(2*x) - 2 * cos(x) * cos(x);
  end;

begin
  write('Zwei Näherungswerte? '); readln(x1,x2);
  write('Genauigkeit? '); readln(e);
  y1:= f(x1);    y2:= f(x2);
  repeat
    xn:= x2 - (x2-x1) / (y2-y1) * y2;
    x1:= x2;    x2:= xn;
    y1:= y2;    y2:= f(xn);
  until abs(y2) < e;
  writeln('Näherungswert x=',x2,' mit f(x)=',y2);
end.
```

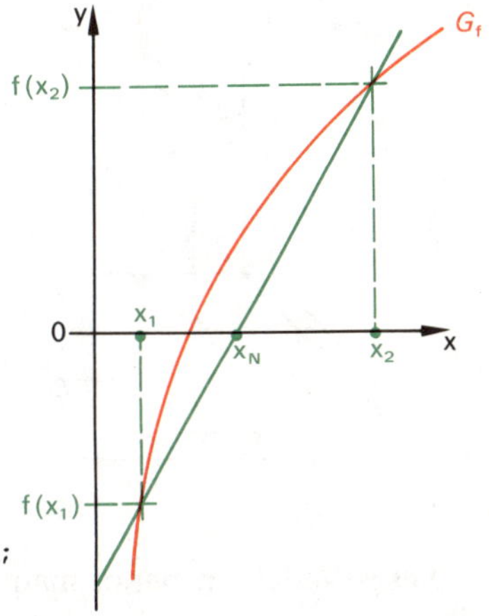

y
G_f
$f(x_2)$
0
x_1
x_N
x_2
x
$f(x_1)$

*18. Welchen Mittelpunktswinkel hat ein Segment von 3623 cm² Flächeninhalt in einem Kreis vom Radius 2,00 m?

---

[1] Vgl. Teil Algebra, Seite A 60ff
[2] Das Zeichen „:=" bedeutet: Die Variable, deren Name links von „:=" steht, wird mit dem Wert des Terms rechts von „:=" belegt.

*21. LERNEINHEIT: DARSTELLENDE GEOMETRIE

Darstellung von Punkten im Zweitafelverfahren

1. Das Zweitafelverfahren

Will man räumliche Gebilde in der Zeichenebene *E* darstellen, so kann man sie z.B. in die Zeichenebene projizieren. Verlaufen die Projektionsstrahlen zueinander parallel und senkrecht zur Zeichenebene, so spricht man von *orthogonaler Parallelprojektion*. Jeder Punkt A, B, ... erhält dadurch einen Bildpunkt $A_1, B_1, \ldots$

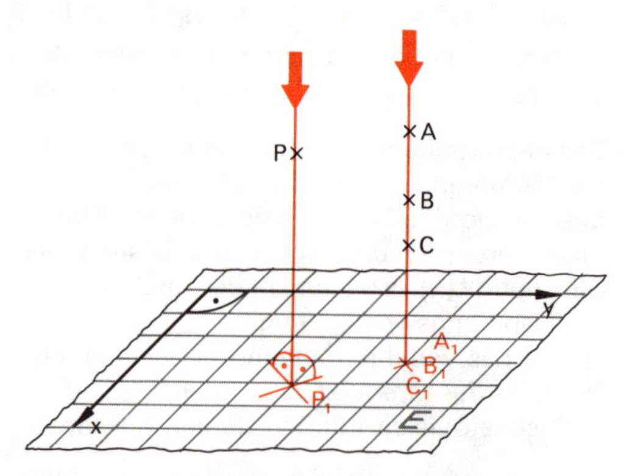

Die Umkehrung ist jedoch nicht eindeutig: Wie hoch der Punkt über seinem Bildpunkt liegt, geht aus dem Bild nicht hervor.
Die Höhe kann durch orthogonale Parallelprojektion in eine zweite, zur ersten senkrechte Bildebene festgehalten werden. Diese zweite Bildebene klappt man dann um die mit der ersten Bildebene gemeinsame Kante in die erste Bildebene.

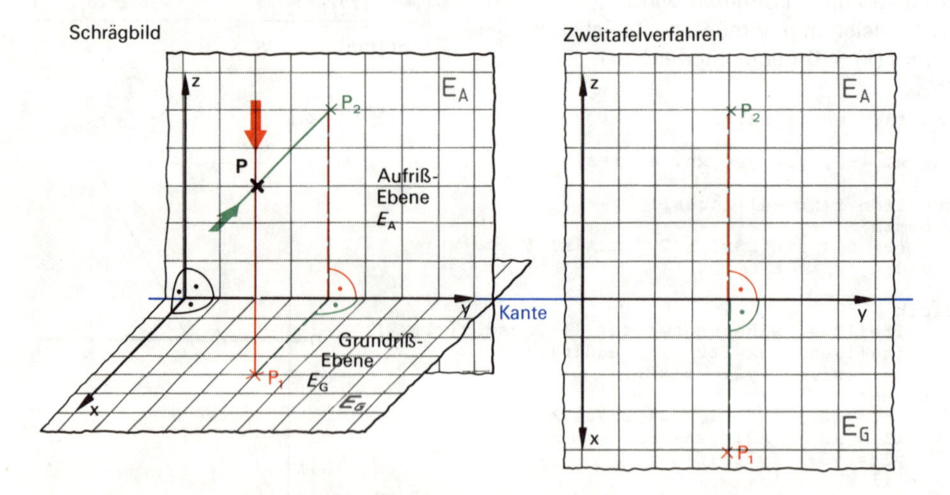

Dieses Verfahren nennt man *Zweitafelverfahren*.

Als Projektionsebenen wählt man die x-y-Ebene (*Grundrißebene* E_G) und die y-z-Ebene (*Aufrißebene* E_A). Die y-Achse wird somit zur (Klapp-)*Kante*.
Das Bild P_1 von P in der Grundrißebene heißt *Grundriß*, das Bild P_2 in der Aufrißebene heißt *Aufriß* von P.

Beim Zweitafelverfahren wird jedem Raumpunkt P in umkehrbar eindeutiger Weise ein Punktepaar P_1, P_2 der Zeichenebene zugeordnet. Die Verbindungsgerade von P_1 und P_2 steht auf der Kante senkrecht, sofern P_1 und P_2 nicht zusammenfallen.

2. Die Raumkoordinaten von Punkten[1]

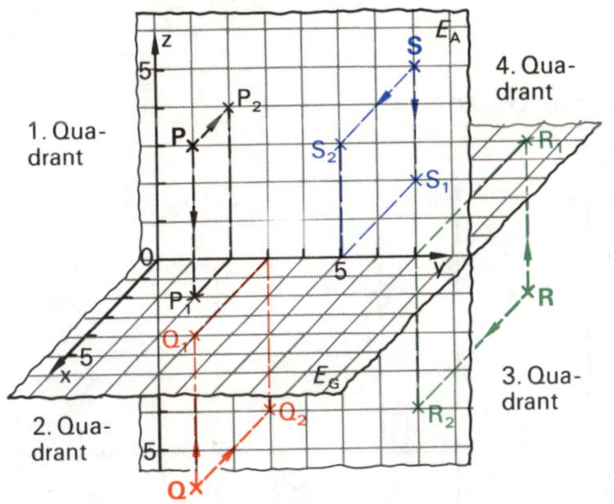

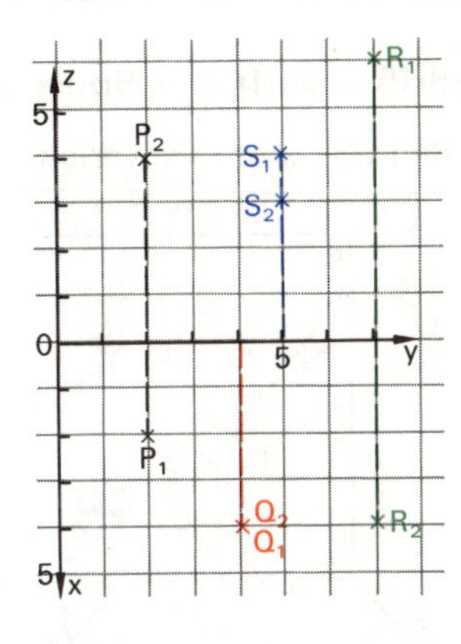

Hier sind vier Punkte im Schrägbild und im Zweitafelverfahren dargestellt:

	Koordinaten	Lage	Lage der Bildpunkte
P	(2/2/4)	1. Quadrant	P_1 unter, P_2 über der Kante
Q	(4/3/−4)	2. Quadrant	Q_1 unter, Q_2 unter der Kante
R	(−6/7/−4)	3. Quadrant	R_1 über, R_2 unter der Kante
S	(−4/5/3)	4. Quadrant	S_1 über, S_2 über der Kante

1. Zeichne folgende Punkte (Grund- und Aufriß)[2]! In welchem Quadranten liegen sie?
   a) A (3/6/5) B (−2/4/−3) C (−4/5/4) D (4/3/−4) E (0/2/−6) F (6/1/0) G (0/7/0) H (−2/9/−2) I (5/8/−4) J (3/0/4) [7/10/5][3]
   b) K (2/9/6) L (−2/8/−2) M (−4/7/4) N (4/6/−4) O (0/5/0) P (0/4/−3) Q (−5/3/0) R (−6/2/6) S (1/1/1) T (−3/0/−1) [7/10/7]

2. Was läßt sich über die Koordinaten folgender Punkte aussagen?
   a) A liegt in der Grundrißebene.
   b) B liegt auf der y-Achse.
   c) C liegt 5 cm hinter der Aufrißebene.
   °d) D liegt 4 cm unter der Grundrißebene.
   °e) E liegt in der Aufrißebene.
   °f) F liegt auf der x-Achse.

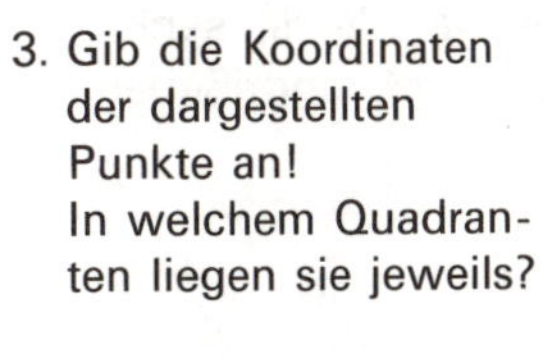

3. Gib die Koordinaten der dargestellten Punkte an! In welchem Quadranten liegen sie jeweils?

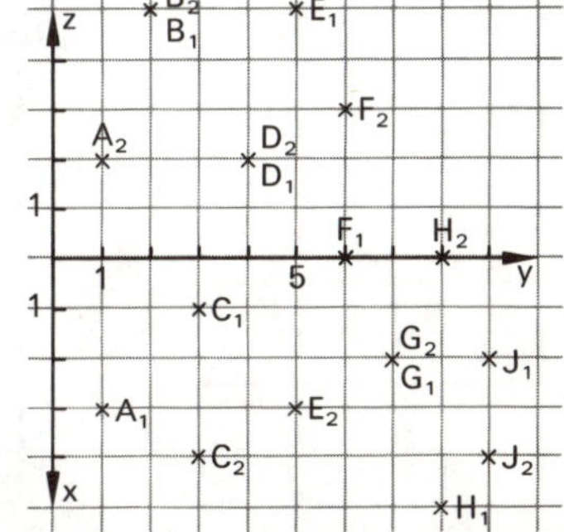

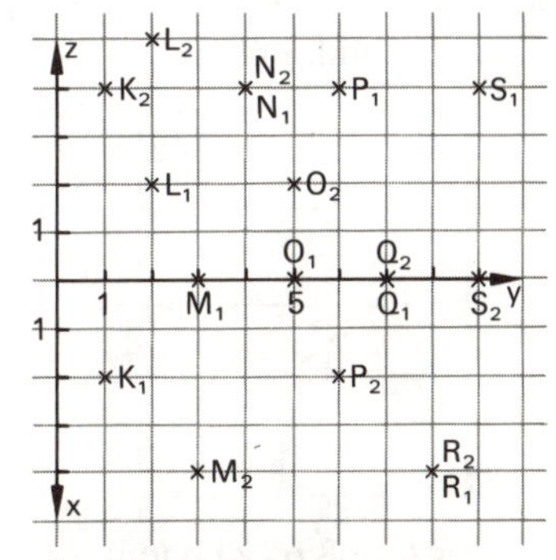

[1] Der Ursprung wird meist so gewählt, daß keine negativen y-Werte auftreten.
[2] „Zeichne" bedeutet im Folgenden: Zeichne im Zweitafelverfahren! (Oft hilft eine Schrägbildskizze!)
[3] [7/10/5] gibt den Platzbedarf beim Zweitafelverfahren an: 7 Einheiten in x-Richtung (also nach unten), 10 Einheiten in y-Richtung (nach rechts) und 5 Einheiten in z-Richtung (nach oben).

Darstellung von Geraden im Zweitafelverfahren

1. Grundriß – Aufriß – Spurpunkte

Wir wenden das Zweitafelverfahren auf eine Gerade an:

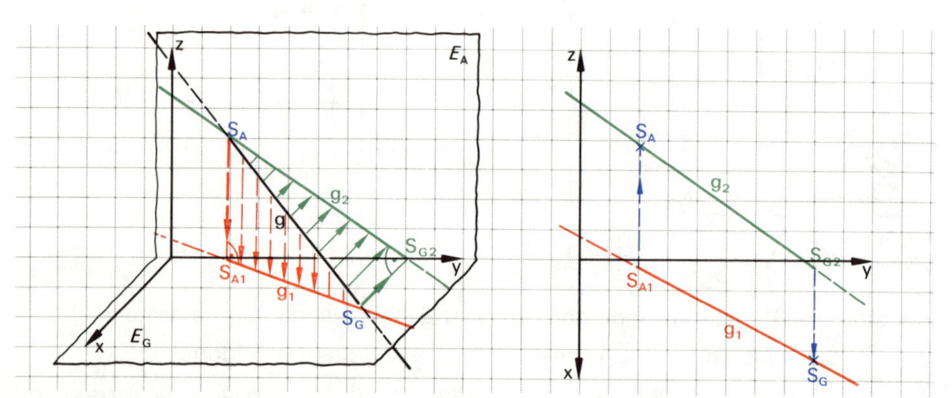

Grundriß g_1 und Aufriß g_2 einer Geraden g sind im allgemeinen wieder Geraden.
Ausnahmen:
- Ist die Gerade senkrecht zur Grundrißebene, dann ist ihr Grundriß ein Punkt.
- Ist die Gerade senkrecht zur Aufrißebene, dann ist ihr Aufriß ein Punkt.

Die Punkte, in denen die Gerade die Grundriß- bzw. Aufrißebene schneidet, heißen *Grundrißspurpunkt* S_G bzw. *Aufrißspurpunkt* S_A.

Konstruktion der Spurpunkte aus Grund- und Aufriß:

a) Der Aufriß g_2 der Geraden schneidet die y-Achse in S_{G2}. Das Lot zur y-Achse durch S_{G2} schneidet den Grundriß g_1 der Geraden in S_G.

b) Der Grundriß g_1 der Geraden schneidet die y-Achse in S_{A1}. Das Lot zur y-Achse durch S_{A1} schneidet den Aufriß g_2 der Geraden in S_A.

2. Besondere Lagen von Geraden (Beispiele)[1]

a) Die Gerade ist parallel zur Grundrißebene

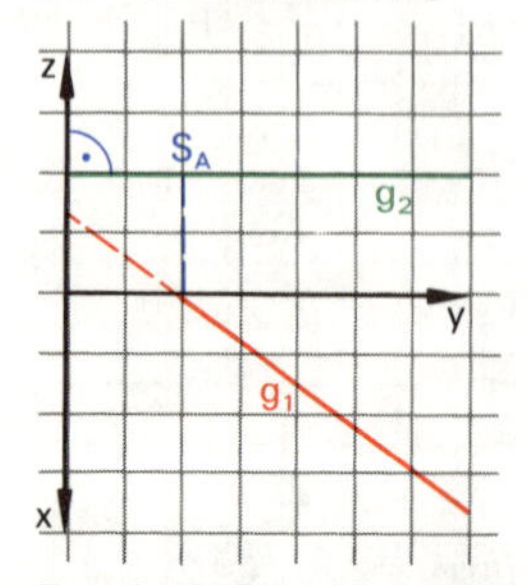

Der Aufriß g_2 ist parallel zur y-Achse. Es gibt keinen S_G.

b) Die Gerade ist parallel zur Aufrißebene

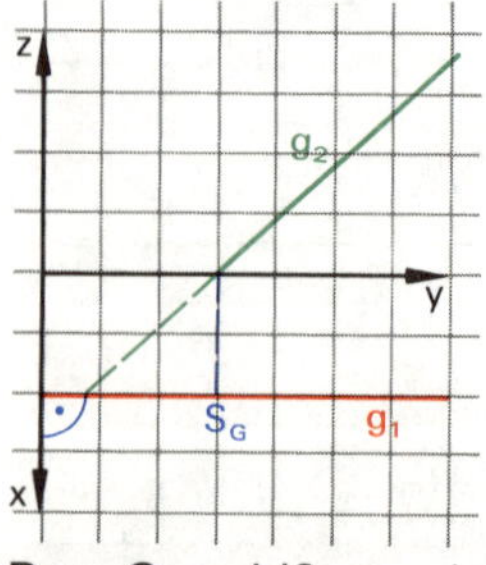

Der Grundriß g_1 ist parallel zur y-Achse. Es gibt keinen S_A.

c) Die Gerade ist senkrecht zur Grundrißebene

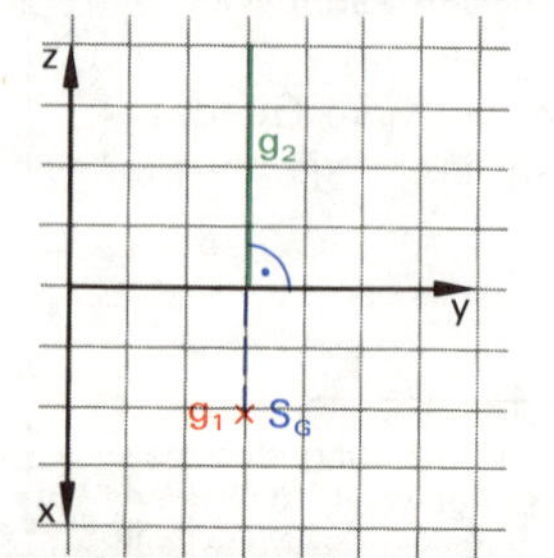

Der Grundriß g_1 ist ein Punkt, der Aufriß ein Lot zur y-Achse.

3. Punkt und Gerade

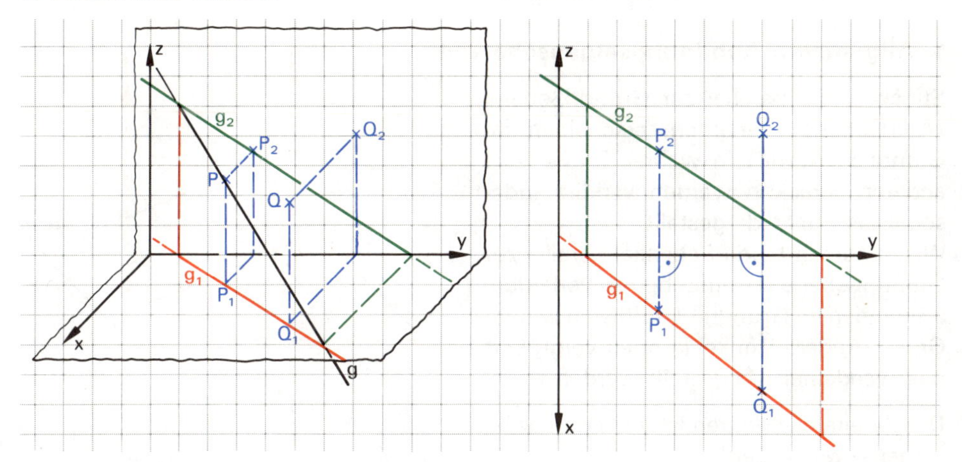

Der Punkt P liegt genau dann auf der Geraden g, wenn P_1 auf g_1 und zugleich P_2 auf g_2 liegt.

Liegt zwar Q_1 auf g_1, aber Q_2 oberhalb von g_2, dann sagt man: Q liegt *über* g.

1. Durch die Punkte A und B ist die Gerade g gegeben. Zeichne Grund- und Aufriß von g, konstruiere die Spurpunkte von g und gib deren Koordinaten an! [6/10/7]

   a) A (1/3/2,5) B (4/6/1)
   b) A (4/1/3,5) B (1/4/2)
   c) A (−1,5/3/−2) (−6/6/1)
   d) A (4/3/2) B (1/3/5) (!)
   °e) A (2/4/1) B (0,5/7/4)
   °f) A (0,5/5/4) B (2/7/6)
   °g) A (−3/1/2) B (0,5/8/−5)

   Beschreibe jeweils den Verlauf der Geraden!

2. Zeichne jeweils Grund- und Aufriß einer Geraden mit der folgenden Eigenschaft. Gib alle Spurpunkte an!

   a) g ist parallel zur Grundrißebene.
   b) h ist parallel zur Aufrißebene.
   c) i ist senkrecht zur Grundrißebene.
   d) k ist parallel zur y-Achse.
   e) l liegt in der Aufrißebene.
   f) m ist parallel zur x-z-Ebene
   °g) n ist parallel zur z-Achse.
   °h p ist senkrecht zur Aufrißebene.
   °i) q ist parallel zur Grundrißebene und zur Aufrißebene.
   °k) r ist ein Lot zur Grundrißebene.
   °l) s ist parallel zur x-Achse.

3. Gegeben ist die Gerade g durch P (4/1/−1) und Q (0,5/8/6). [7/10/7]

   Wie liegen folgende Punkte in Bezug auf g?
   A (3/3/1) B (2/5/5) C (5/6/4) D (3/7/2) °E (4/3/4) °F (2/5/3) °G (1/6/6) °H (1/7/3)

4. Gegeben ist die Gerade g durch P (−5/1/0,5) und Q (4/10/5). Bestimme die fehlenden Koordinaten so, daß der Punkt jeweils auf g liegt! [7/10/7]

   A (−4/y/z) B (x/y/2) C (x/6/z) D (x/y/4) °E (−3/y/z) °F (x/4/z) °G (x/5/z) °H (x/y/4,5)

---

[1] Ist die Gerade parallel zur x-z-Ebene, so lassen sich ihre Grund- und Aufrißspurpunkte mit dem Zweitafelverfahren nicht konstruieren. Man benötigt dazu den Seitenriß (x-z-Ebene).

Abbildungseigenschaften des Zweitafelverfahrens

1. Allgemeine Abbildungseigenschaften

Strecken, die parallel zur Grundrißebene (Aufrißebene) verlaufen, erscheinen im Grundriß (Aufriß) in wahrer Größe. Alle anderen Strecken werden verkürzt oder sogar als Punkt dargestellt.
Winkel, deren beide Schenkel parallel zur Grundrißebene (Aufrißebene) verlaufen, erscheinen im Grundriß (Aufriß) in wahrer Größe. Andere Winkel können vergrößert oder verkleinert dargestellt werden.

Das Zweitafelverfahren ist *nicht* geraden-, längen-, winkeltreu!

Es ist aber *verhältnistreu*. Das bedeutet z. B.: Der Grundriß des Mittelpunktes einer Strecke ist der Mittelpunkt des Grundrisses dieser Strecke (falls diese nicht zum Punkt wird).

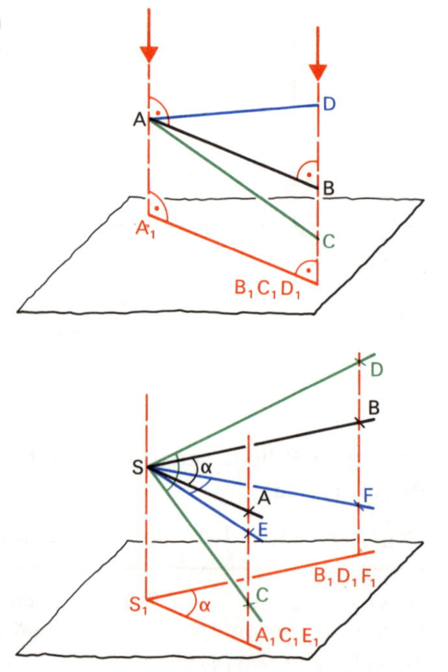

2. Wahre Länge einer Strecke

Konstruiere die wahre Länge der Strecke [*AB*] *mit A(6/8/4) und B(2/3/7)!*

Lösungsgedanke: Durch den (tiefer liegenden) Punkt A wird eine Parallele zum Grundriß [A_1B_1] von [AB] gezeichnet. Sie schneidet das Lot BB_1 von B auf E_G in C. Das bei C rechtwinklige Dreieck ABC heißt *(Grundriß-)Stützdreieck*. Klappt man dieses um [AC] um 90°, so verläuft [AB'] (mit $\overline{AB'} = \overline{AB}$) parallel zur Grundrißebene und erscheint damit im Grundriß in wahrer Größe.

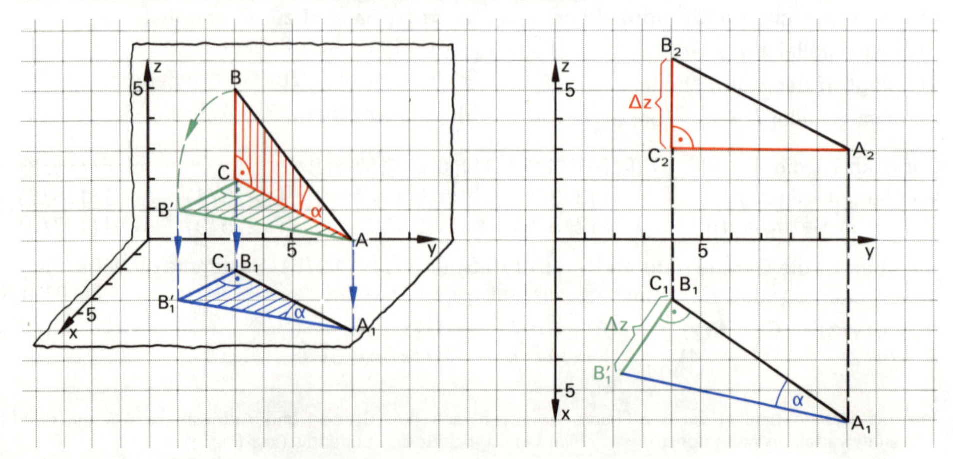

Konstruktion:

a) Die Parallele zur y-Achse durch A_2 schneidet B_1B_2 in C_2.

b) Der Kreis um B_1 mit $r = \overline{B_2C_2}$ schneidet das Lot auf $[B_1A_1]$ durch B_1 in B_1'.

c) $\overline{A_1B_1'} = \overline{AB}$.

Beachte: Der Winkel $\sphericalangle$ BAC heißt *Neigungswinkel* der Geraden AB gegen die Grundrißebene. $\sphericalangle B_1'A_1B_1$ hat die wahre Größe dieses Neigungswinkels.

---

1. Die Punkte A und B haben von der Grundrißebene gleichen Abstand. Schrägbildskizze!
   a) Wie verläuft der Aufriß $[A_2B_2]$ der Strecke [AB]? Was läßt sich über das Verhältnis $\overline{A_1B_1} : \overline{AB}$ aussagen? (Begründung!)
   b) P liegt auf der Geraden B_1B. Was läßt sich über $\overline{AP}$ im Vergleich zu $\overline{AB}$ aussagen (Begründung!)? Was folgt damit für das Verhältnis $\overline{A_1P_1} : \overline{AP}$?

°2. Die Punkte S, A, B haben von der Grundrißebene gleichen Abstand. Schrägbildskizze!
   a) Wie verlaufen im Aufriß die beiden Schenkel des Winkels $\sphericalangle$ ASB? Was läßt sich über das Verhältnis $\sphericalangle A_1S_1B_1 : \sphericalangle ASB$ aussagen? (Begründung!)
   b) C liegt auf der Geraden A_1A. Was läßt sich über den Winkel $\sphericalangle$ CSB im Vergleich zum Winkel $\sphericalangle$ ASB und damit über das Verhältnis $\sphericalangle C_1S_1B_1 : \sphericalangle CSB$ aussagen?
   c) D liegt auf $[A_1A]$ und E auf $[B_1B$ so, daß gilt $\overline{A_1D} = \overline{B_1E}$. Vergleiche den Winkel $\sphericalangle$ DSE mit dem Winkel $\sphericalangle$ ASB. Was folgt damit für das Verhältnis $\sphericalangle D_1S_1E_1 : \sphericalangle DSE$?

3. Gegeben sind die Punkte A(5/5/1,5) und B(2/8/6). [7/12/10]
   a) Zeichne die Strecke [AB] in Grund- und Aufriß!
   b) Konstruiere die wahre Länge der Strecke $\overline{AB}$ und ihren Neigungswinkel α gegen die Grundrißebene in wahrer Größe! (Kontrolliere durch Rechnung!)
   c) Gib die Koordinaten des 1. und des 2. Spurpunktes der Geraden AB an und kennzeichne die „sichtbaren" (d.h. im 1. Quadranten verlaufenden) Teile von AB!

4. Begründe mit Hilfe eines Grundrißstützdreiecks der Geraden AB (Schrägbildskizze): Wenn P die Strecke [AB] innen im Verhältnis λ teilt, dann teilt P_1 die Strecke $[A_1B_1]$ ebenfalls innen im Verhältnis λ.

°5. Gegeben sind die Punkte $A(x_A/y_A/z_A)$ und $B(x_B/y_B/z_B)$. Die Differenzen $x_B - x_A$, $y_B - y_A$ und $z_B - z_A$ werden mit Δx, Δy und Δz bezeichnet. Der Neigungswinkel der Geraden AB sei α.

   Beweise: $\overline{AB} = \sqrt{(\Delta x)^2 + (\Delta y)^2 + (\Delta z)^2}$; $\tan\alpha = \dfrac{\Delta z}{\sqrt{(\Delta x)^2 + (\Delta y)^2}}$.

°6. Gegeben sind die Punkte A(3/5/4) und B(7,5/8/7)! [8/10/9]
   a) Zeichne die Strecke [AB] in Grund- und Aufriß!
   b) Konstruiere die wahre Länge der Strecke $\overline{AB}$ und ihren Neigungswinkel α gegen die Grundrißebene in wahrer Größe! (Kontrolliere durch Rechnung!)
   c) Konstruiere den Neigungswinkel β gegen die Aufrißebene in wahrer Größe! (Kontrolliere durch Rechnung!)
   d) Gib die Koordinaten des 1. und des 2. Spurpunktes der Geraden AB an und kennzeichne die sichtbaren und unsichtbaren Teile von AB!

Darstellung einfacher Körper

Zeichne Grund- und Aufriß eines Quaders ($l = 5$ cm, $b = 3$ cm, $h = 4$ cm), wenn

- *die Grundfläche parallel zur Grundrißebene ist und von ihr den Abstand $p = 1$ cm hat, und*
- *eine Diagonale der Grundfläche parallel zur y-Achse ist und von der Aufrißebene den Abstand $q = 4$ cm hat!*

Lösung:

Durch eine Hilfsfigur erhält man die Länge der Diagonalen:

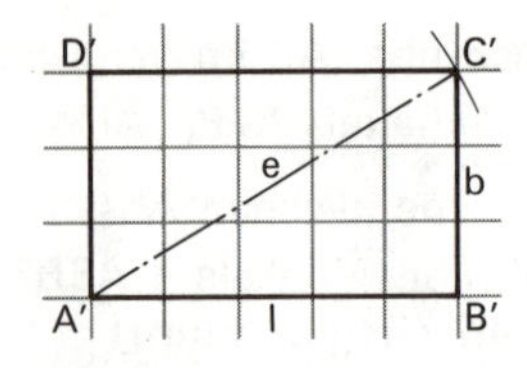

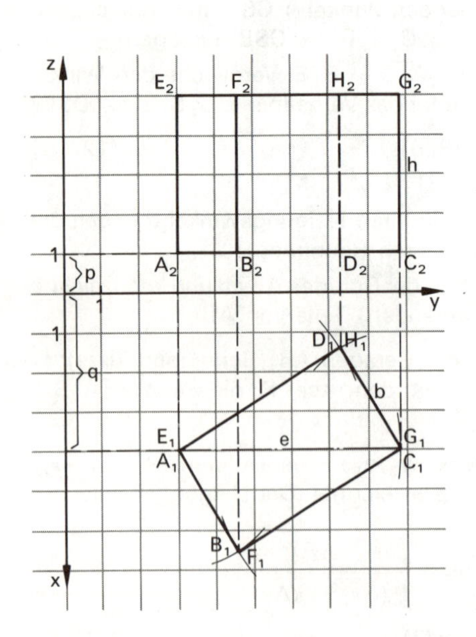

Zeichne Grund- und Aufriß einer geraden Pyramide ($h_K = 7$ cm), wenn

- *deren Grundfläche ein reguläres Sechseck ($s = 3$ cm) ist, das parallel zur Grundrißebene im Abstand $p = 3$ cm liegt, und*
- *eine Seite der Grundfläche parallel zur y-Achse ist und von der Aufrißebene den Abstand $q = 1$ cm hat!*

Lösung:

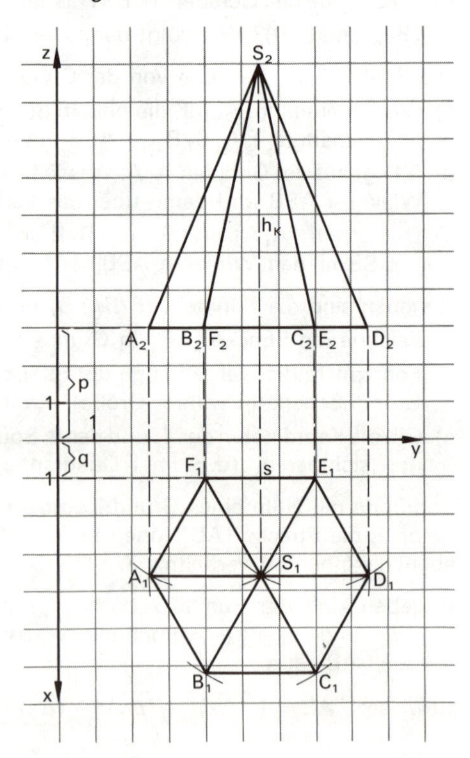

1. Zeichne Grund- und Aufriß eines Quaders ($l = 6{,}0$ cm, $b = 2{,}5$ cm, $h = 4{,}5$ cm), wenn
   a) – die Grundfläche parallel zur Grundrißebene ist und von ihr den Abstand 1,5 cm hat,
      – die Seite l parallel zur y-Achse ist und von der Aufrißebene den Abstand 3,0 cm hat!
   b) – die Grundfläche parallel zur Grundrißebene ist und von ihr den Abstand 1,5 cm hat,
      – die Diagonale AC senkrecht zur Aufrißebene steht und C von der Aufrißebene den Abstand 0,5 cm hat!

2. Zeichne Grund- und Aufriß eines Würfels ($s = 3{,}5$ cm), wobei
   – die Grundfläche ABCD zur Grundrißebene parallel ist und von ihr den Abstand 2,0 cm hat,
   – der Grundriß der Kante AB mit der y-Achse den Winkel $\alpha = 30°$ einschließt, und
   – der Punkt B von der Aufrißebene den Abstand 5,0 cm hat!

   Trage in Grund- und Aufriß das Dreieck PQR ein, für welches gilt:

   P liegt auf [AB] und $\overline{AP} : \overline{PB} = 3 : 4$,

   Q liegt auf [BC] und $\overline{BQ} = 3{,}0$ cm,

   R ist Mittelpunkt von $\overline{BF}$.

   Zeichne dieses Dreieck in wahrer Größe und miß alle Seiten und Winkel!

3. Zeichne Grund- und Aufriß eines Prismas (einer Pyramide) mit der Körperhöhe $h_K = 6{,}0$ cm, wenn
   a) – die Grundfläche ein gleichseitiges Dreieck ABC mit $s = 4{,}0$ cm ist, dessen Ebene parallel zur Grundrißebene ist und von ihr den Abstand 2,5 cm hat,
      – der Grundriß der Kante AB mit der y-Achse den Winkel $\alpha = 45°$ einschließt, und
      – der Punkt A von der Aufrißebene den Abstand 2,0 cm hat!
   °b) – die Grundfläche ein reguläres Sechseck ABCDEF mit $s = 2{,}5$ cm ist, dessen Ebene parallel zur Grundrißebene verläuft und von ihr den Abstand 1,5 cm hat,
      – der Grundriß der Kante AB mit der y-Achse den Winkel $\alpha = 45°$ einschließt, und
      – der Mittelpunkt der Grundfläche von der Aufrißebene den Abstand 4,0 cm hat!

4. Skizziere Grund- und Aufriß a) eines Zylinders, b) eines Kegels, c) einer Kugel!

5. Zeichne Grund- und Aufriß der folgenden Gegenstände! Die angegebenen Zahlen bedeuten cm. Wähle selbst eine günstige Lage des Koordinatensystems.

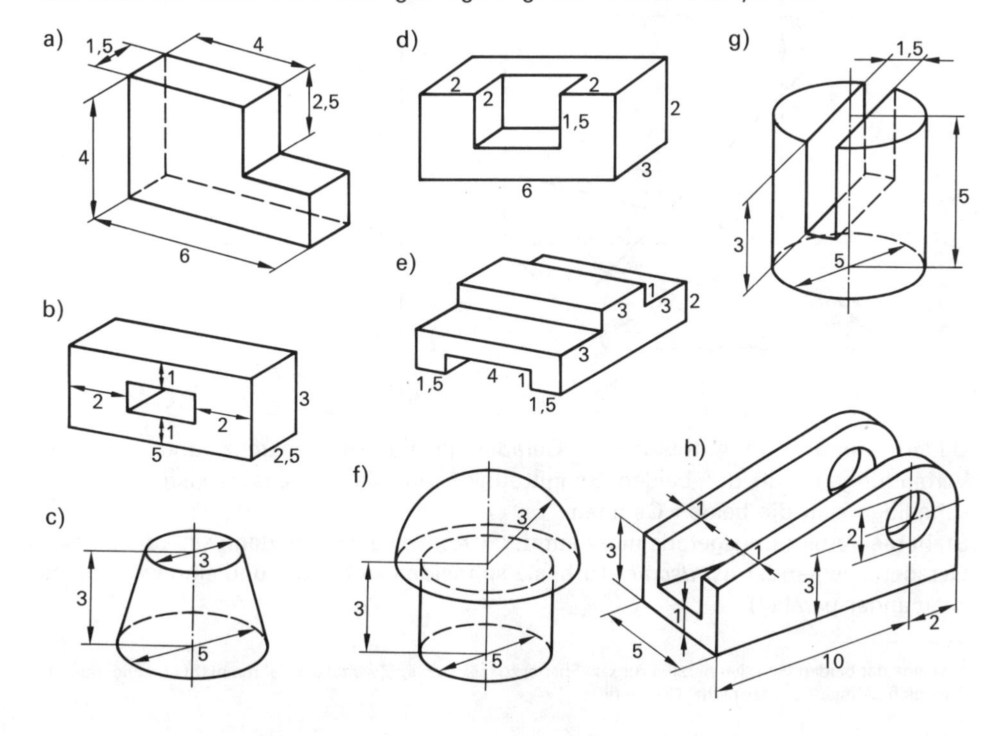

Gegenseitige Lage zweier Geraden (1)

1. Zueinander parallele Geraden

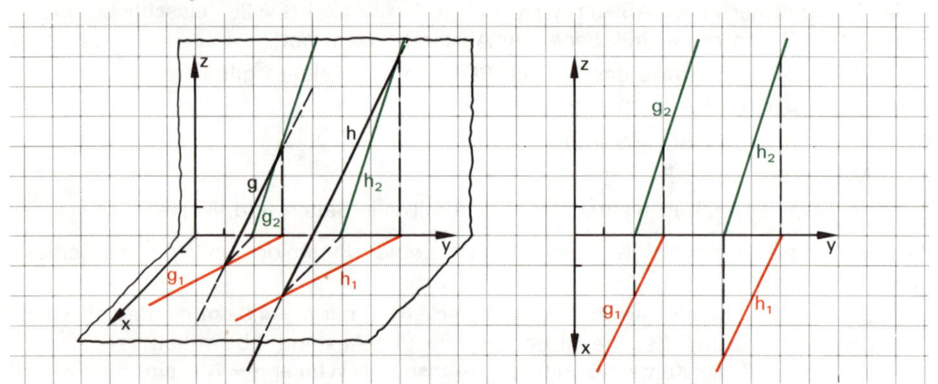

Wenn zwei Geraden zueinander parallel sind, und nur dann, gilt

entweder: Die beiden Grundrißgeraden sind zueinander parallel und die beiden Aufrißgeraden sind zueinander parallel,

oder: Die einen Rißgeraden sind zueinander parallel und die anderen beiden Risse sind Punkte.

2. Sich schneidende und windschiefe Geraden[1]

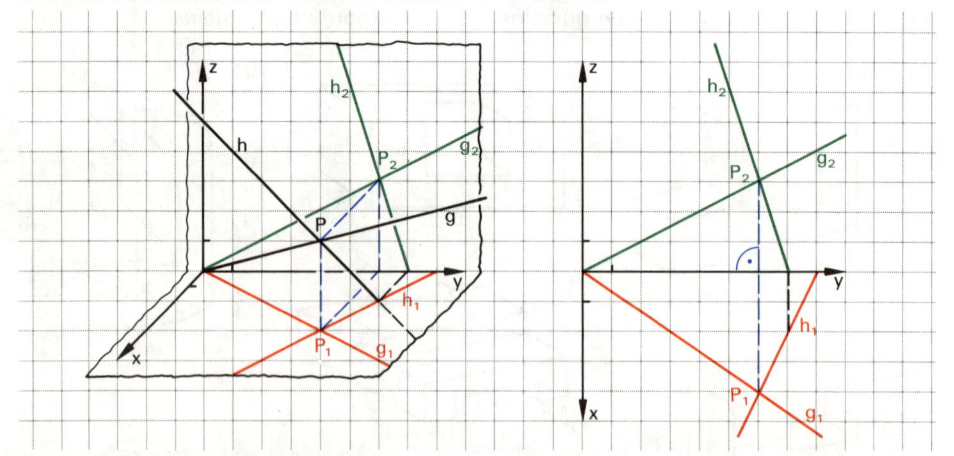

Bilden Grund- und Aufriß zweier Geraden je ein Geradenkreuz, und steht die Verbindungsgerade der beiden Schnittpunkte auf der y-Achse senkrecht, dann schneiden sich die beiden Geraden.

Steht die Verbindungsgerade nicht auf der y-Achse senkrecht, dann sind die beiden Geraden zueinander *windschief* (d.h. sie schneiden sich nicht und sind auch nicht zueinander parallel).

---

[1] Ist eine der beiden Geraden parallel zur x-z-Ebene, so läßt sich im Zweitafelverfahren nicht entscheiden, ob sie sich schneiden oder nicht. (Seitenriß!)

1. Beschreibe jeweils einzeln den Verlauf der gegebenen Geraden und dann ihre gegenseitige Lage!

a)

b)

c)

d)

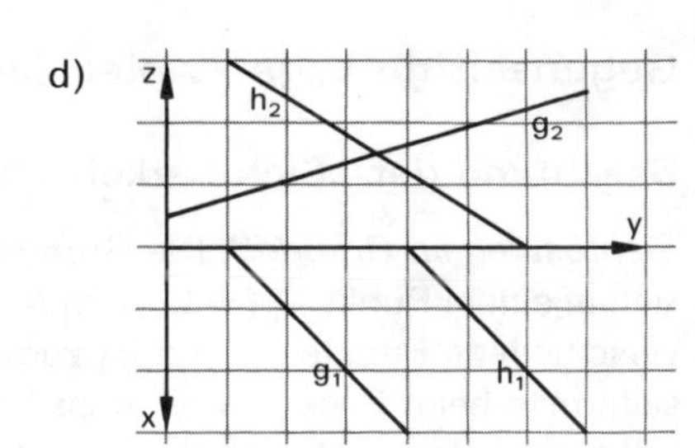

e)

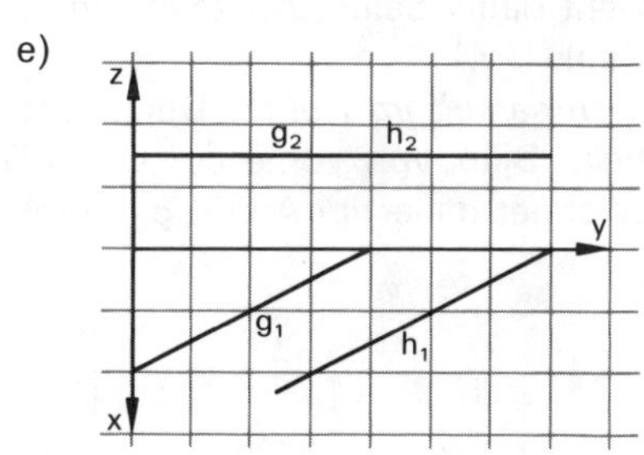

f)

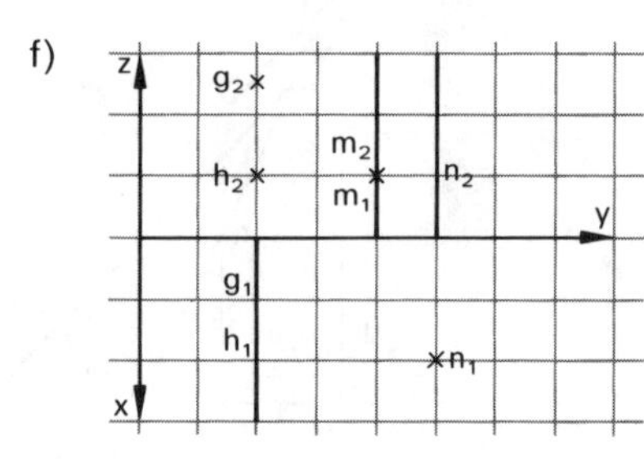

g)

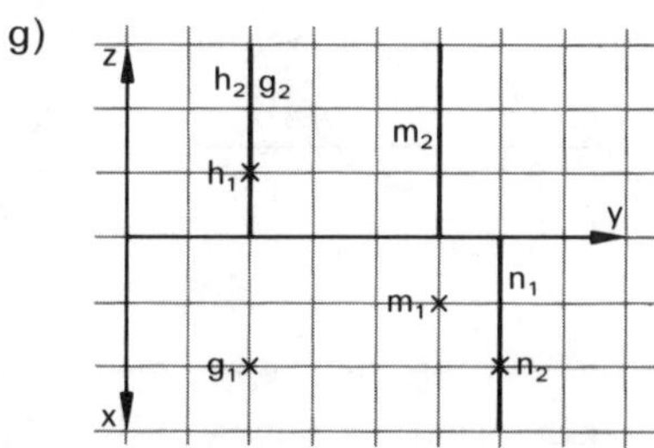

2. Gegeben sind die Punkte A (1/2/2), B (5,5/5/3,5), C (4,5/9/0,5) und D (2,5/3/z).
   a) Zeichne die Gerade g durch C parallel zu AB und bestimme die Koordinaten ihrer Spurpunkte! [6/12/6]
   b) Für welchen Wert von z schneidet die Gerade DC die Gerade AB? Für welche Werte von z läuft DC unter AB?

°3. Gegeben sind die Punkte A (5/10/5), B (1/8/3), C (3/5/4) und D (x/7/2).
   a) Zeichne die Gerade g durch C parallel zu AB und bestimme die Koordinaten ihrer Spurpunkte! [6/12/6]
   b) Für welchen Wert von x schneidet die Gerade DC die Gerade AB? Für welche Werte von x läuft DC unter AB?

Gegenseitige Lage zweier Geraden (2)

Beachtung der „Sichtbarkeit" beim Zeichnen windschiefer Geraden

Sichtbarkeit im Grundriß: Die Grundrisse g_1 und h_1 der Geraden g und h schneiden sich in einem Punkt A_1 ($= B_1$). Im Aufriß sind diesem Punkt auf g_2 und h_2 aber zwei verschiedene Punkte A_2 und B_2 zugeordnet. Da B_2 (auf h_2) über A_2 (auf g_2) liegt, sieht man beim Blick von oben im Grundriß die Gerade h *über* der Geraden g. Man zieht daher beim „Auszeichnen" z. B. mit Tusche h_1 durch und unterbricht g_1 am Punkt A_1.

Sichtbarkeit im Aufriß: Durch entsprechende Überlegungen findet man, daß man beim Blick von vorne auf C_2 ($= D_2$) zunächst zu g und dann zu h kommt. Man zeichnet daher im Aufriß g_2 durch und unterbricht h_2.

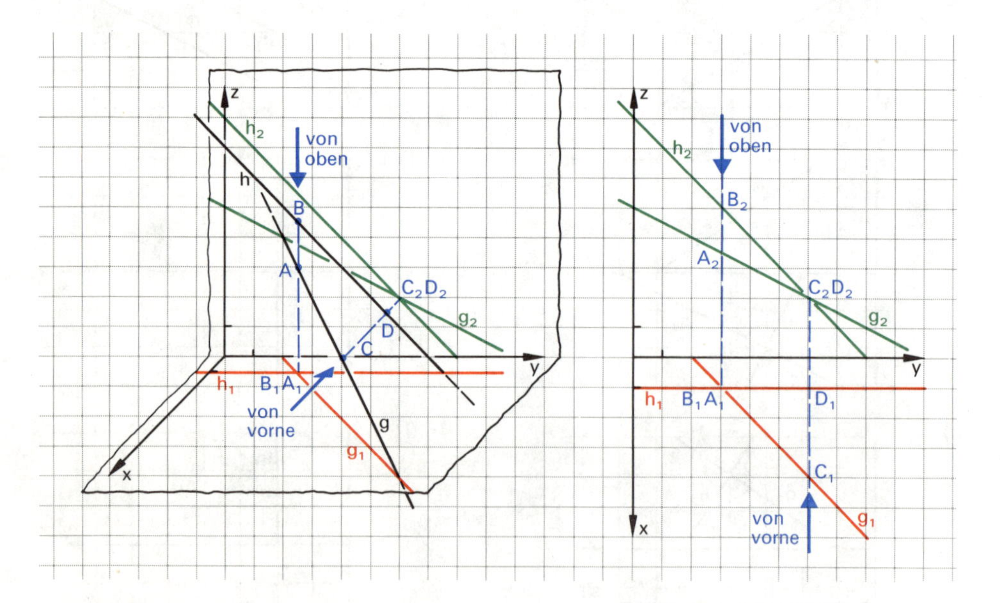

1. Gegeben sind die Punkte A (1/2/1), B (6/7/3,5), C (5/1/3,5) und D (1/7/3,5).
   a) Zeichne die Geraden AB und CD! Beachte die Sichtbarkeit! [6/9/5]
   b) Unter Beibehaltung aller anderen Koordinaten soll der z-Wert von D so geändert werden, daß sich die beiden Geraden schneiden. Welcher neue Wert ist für z zu wählen, und welche Koordinaten hat der Schnittpunkt S?

°2. Gegeben sind die Punkte E (1,5/2,5/5,5), F (3,5/8,5/−0,5), G (4/1/4) und H (0/7/3).
   a) Zeichne die Geraden EF und GH! Beachte die Sichtbarkeit! [5/10/6]
   b) Unter Beibehaltung aller anderen Koordinaten soll der x-Wert von H so geändert werden, daß sich die beiden Geraden schneiden. Welcher neue Wert ist für x zu wählen, und welche Koordinaten hat der Schnittpunkt S?

[]3. Was müßte man tun, wenn bei der vorherigen Aufgabe der y-Wert von H geeignet zu ändern wäre?

Darstellung von Ebenen im Zweitafelverfahren (1)

Die Spurgeraden einer Ebene

Eine Ebene kann vorgegeben werden durch
- drei verschiedene Punkte, die nicht auf einer Geraden liegen,
- eine Gerade und einen Punkt, der nicht auf dieser Geraden liegt,
- zwei sich schneidende Geraden,
- zwei zueinander parallele Geraden.

Jede Ebene, die mit der Grundrißebene (Aufrißebene) einen Punkt gemeinsam hat (und nicht mit ihr zusammenfällt), schneidet die Grundrißebene (Aufrißebene) in einer Geraden. Diese Gerade heißt *Spurgerade mit dem Grundriß* (sg) bzw. *mit dem Aufriß* (sa).

Konstruktion der Spurgeraden einer Ebene:

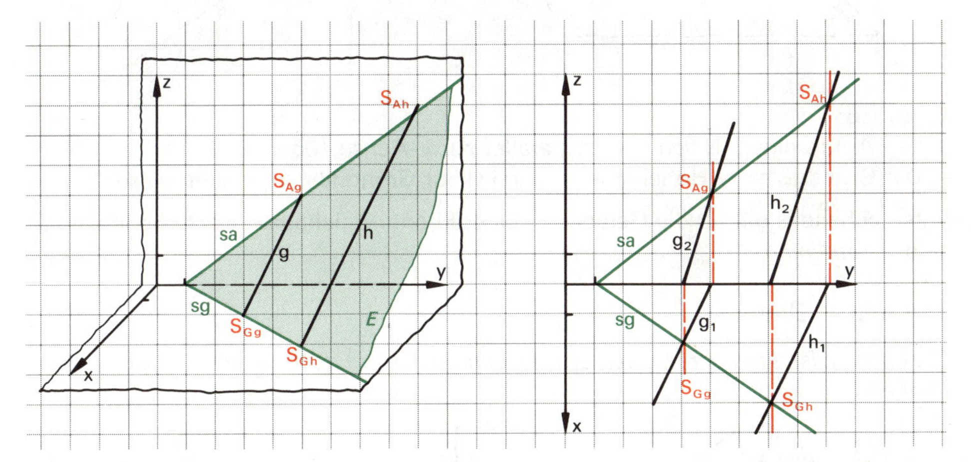

Man konstruiert von zwei Geraden, die in dieser Ebene liegen, die Spurpunkte. Die Verbindungsgeraden entsprechender Spurpunkte sind die gesuchten Spurgeraden.

Beachte: Die Spurgerade mit dem Grundriß und die Spurgerade mit dem Aufriß schneiden sich (wenn überhaupt) auf der y-Achse.

1. a) Welche Möglichkeiten gibt es, eine Ebene *E* im Raum eindeutig festzulegen?
   b) Was läßt sich über die Schnittlinien (Spuren) einer Ebene *E* mit der Grundriß- und der Aufrißebene sagen?
   c) Wo liegen die Spurpunkte aller Geraden, die in dieser Ebene *E* verlaufen?
2. Gegeben sind die Punkte A (1/1,5/6), B (4/3/2), C (1/6/3) und D (4/7,5/−1). [7/12/7]
   a) Wie verlaufen die Geraden a = AB und b = CD zueinander? Welche Koordinaten haben ihre Spurpunkte?
   b) Zeichne die Gerade sg, die durch die beiden Grundrißspurpunkte festgelegt ist, und die Gerade sa, die durch die beiden Aufrißspurpunkte festgelegt ist. Gib die Koordinaten ihres Schnittpunktes K an! → hierzu auch Aufgabe 1, Seite G 83

Darstellung von Ebenen im Zweitafelverfahren (2)

1. Die Höhenlinien (die Frontlinien) einer Ebene

Als *Höhenlinie* bezeichnet man die Verbindungslinie aller Punkte einer Ebene, die von der Grundrißebene denselben Abstand d haben (Parallelen zur Grundrißebene).

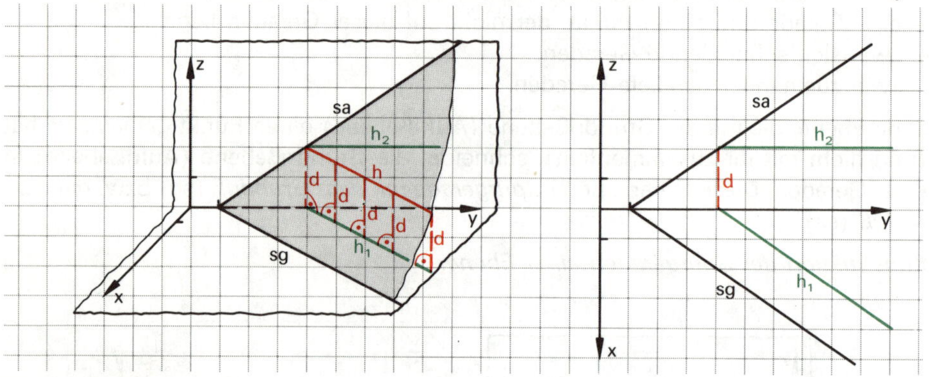

Beachte:

- Der Aufriß einer Höhenlinie ist parallel zur y-Achse (oder ein Punkt).
- Der Grundriß einer Höhenlinie ist parallel zur Grundrißspurgeraden dieser Ebene.

Entsprechendes gilt für die Geraden in einer Ebene, welche zur Aufrißebene parallel sind (*Frontlinien*).

2. Punkt - Ebene

Die Ebene E ist durch ihre beiden Spuren gegeben. Liegt der Punkt P (2/3/3) in dieser Ebene?

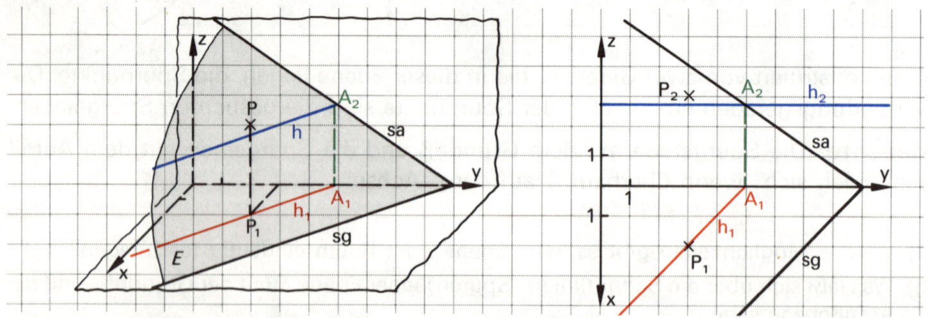

Lösungsgedanke: Liegt P auf der Höhenlinie h, deren Grundriß h_1 durch den Grundriß P_1 von P verläuft, dann liegt P auch in der Ebene *E*, sonst über bzw. unter der Ebene *E*.

Konstruktion der Höhenlinie h:

a) h_1 ist die Parallele zu sg durch P_1; h_1 schneidet die y-Achse in A_1.

b) Das Lot zur y-Achse durch A_1 schneidet sa in A_2.

c) Die Parallele zur y-Achse durch A_2 ist der Aufriß h_2 von h.

Ergebnis: Da P_2 über h_2 liegt, liegt P nicht in, sondern über der Ebene *E*.

1. Kann es sich bei folgenden „Geradenpaaren" um die Spuren einer Ebene handeln? Wenn ja, wie liegt die Ebene?

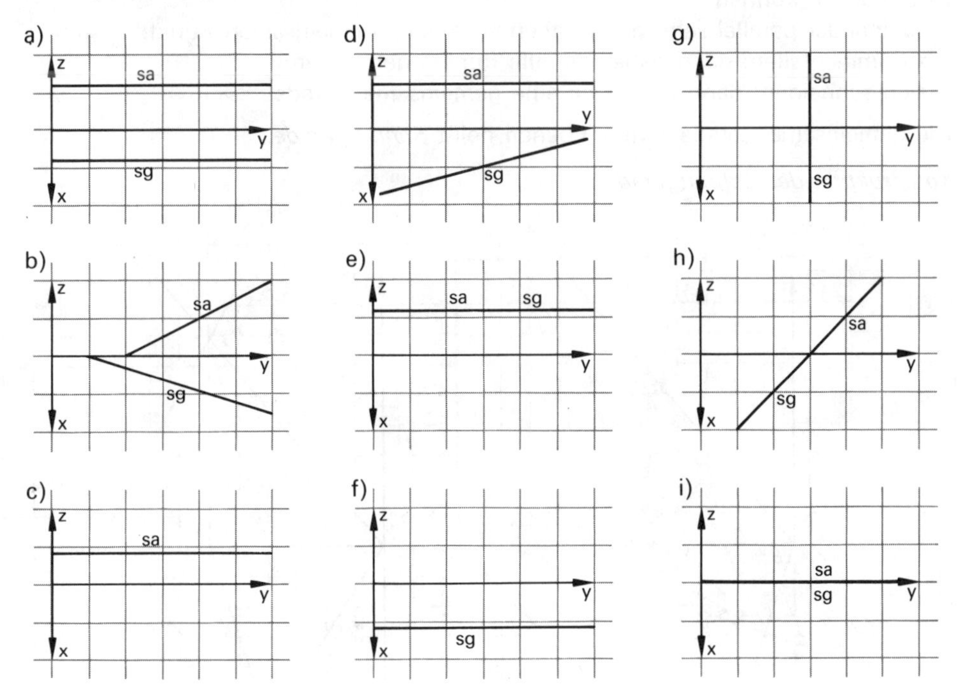

2. Gegeben ist das Dreieck ABC durch A (2/4/2), B (5/5,5/2) und C (2/7/5).
   a) Zeichne die Spuren der Ebene ABC! [8/10/6].
   b) Weil A und B denselben Abstand von der Grundrißebene haben, bezeichnet man die Gerade AB auch als Höhenlinie. Welche gegenseitige Lage haben die Risse von AB und die Spurgeraden der Ebene bzw. die y-Achse? Wie verläuft demnach die Höhenlinie selbst?
   c) Lege mit Hilfe einer Höhenlinie den Punkt P (3/5,5/z) so fest, daß P ein Punkt der Dreiecksfläche ABC wird!

°3. Gegeben sind die Geraden a = AB und b = CD durch A (1/2,5/4), B (4/10/−2), C (5/3,5/0,5) und D (1/5,5/z). [6/13/7]
   a) Bestimme z so, daß sich a und b schneiden. Welche Koordinaten hat der Schnittpunkt S?
   b) Durch a und b ist die Ebene *E* gegeben. Zeichne ihre Spuren!
   c) Wie liegen P (2/1/4) und Q (4/2/1,5) zu dieser Ebene?

°4. Die Ebene *E* ist gegeben durch die Gerade a = AB und den Punkt C mit A (1,5/7/3), B (7,5/11/−1) und C (1,5/6/1). Wie liegen die Punkte P (3/4/−6), Q (3/6/−3) und R (3/8/4) zu *E*? [8/12/5]

5. Als Frontlinie bezeichnet man die Verbindungslinie aller Punkte einer Ebene, die von der Aufrißebene den gleichen Abstand d haben. Welche Aussagen lassen sich über den Verlauf der Risse der Frontlinie und über den Verlauf der Frontlinie selbst machen?

Die Schnittgerade zweier Ebenen

Zwei Ebenen können
- zueinander parallel sein: dann haben sie keinen gemeinsamen Punkt;
- zusammenfallen: dann haben sie alle Punkte gemeinsam;
- sich schneiden: dann haben sie eine gemeinsame Gerade.

Die gemeinsame Gerade zweier Ebenen heißt *Schnittgerade*.

Konstruktion der Schnittgeraden:

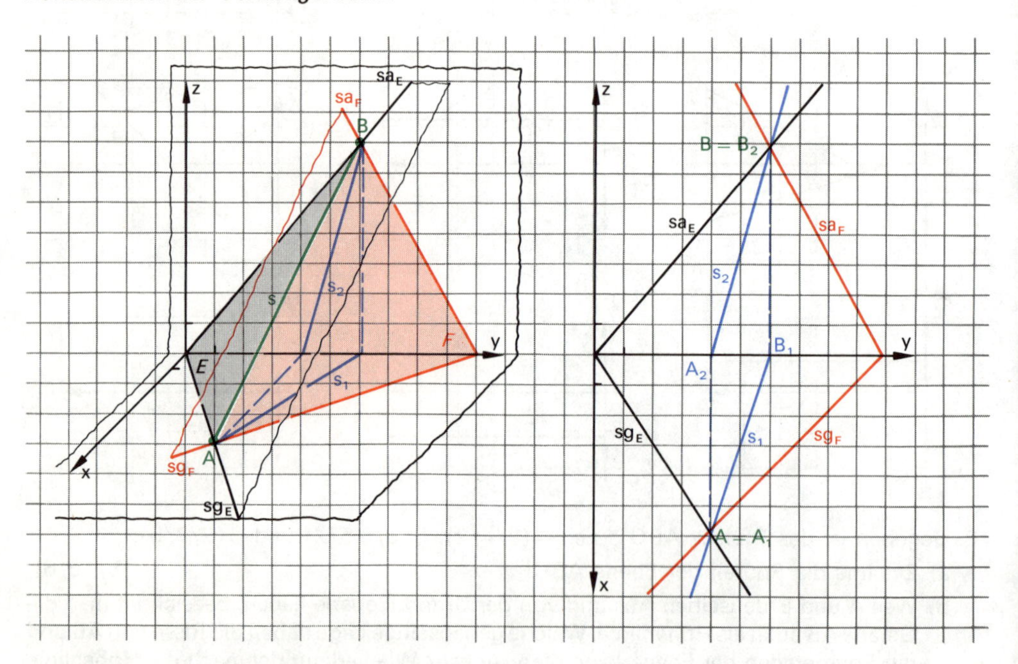

Die Grundrißspuren sg_E und sg_F der Ebenen E und F schneiden sich im Grundrißspurpunkt A (= A_1) der Schnittgeraden s, die Aufrißspuren sa_E und sa_F im Aufrißspurpunkt B (= B_2) von s. Damit ist $s_1 = A_1 B_1$ der Grundriß der Schnittgeraden und $s_2 = A_2 B_2$ ihr Aufriß.

1. Welche gegenseitige Lage können zwei Ebenen zueinander haben? Welche gemeinsame Punktmenge besitzen sie dann?

2. Gegeben ist die Ebene *E* durch die Punkte A (0/1/0), B (5/6/0) und C (0/7/3) sowie die Ebene *F* durch P (0/11/0), Q (2/8/0) und R (0/9,5/3). [5/12/5]

   a) Zeichne die Spurgeraden beider Ebenen und bestimme die Koordinaten ihrer Schnittpunkte S und T!

   b) Durch welche Punkte muß die Schnittgerade s der beiden Ebenen *E* und *F* verlaufen? Zeichne mit Hilfe dieser Kenntnis Grund- und Aufriß von s!

3. Übertrage die gegebenen Spurgeraden der beiden Ebenen jeweils in dein Heft und zeichne (falls möglich) die Risse der Schnittgeraden ein!

a)

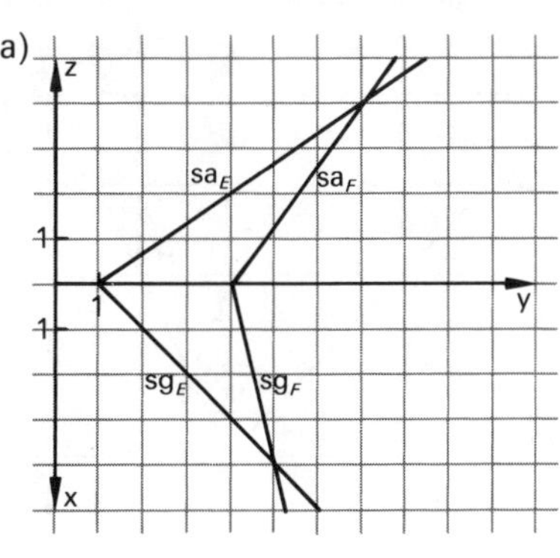

°c)

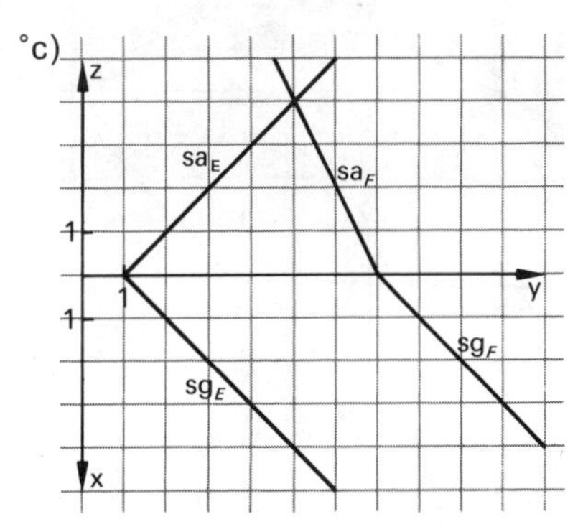

b)

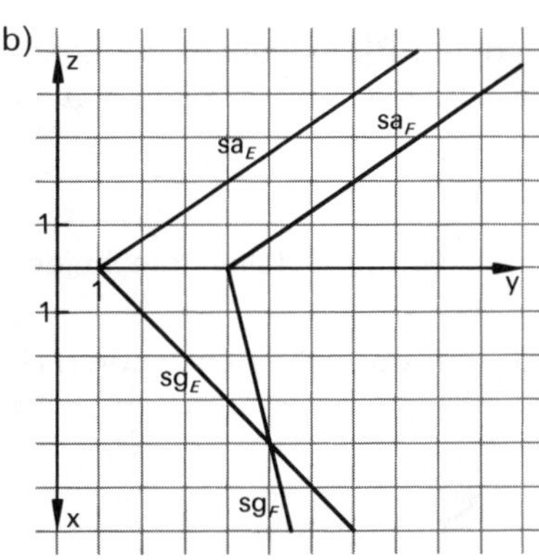

°d)

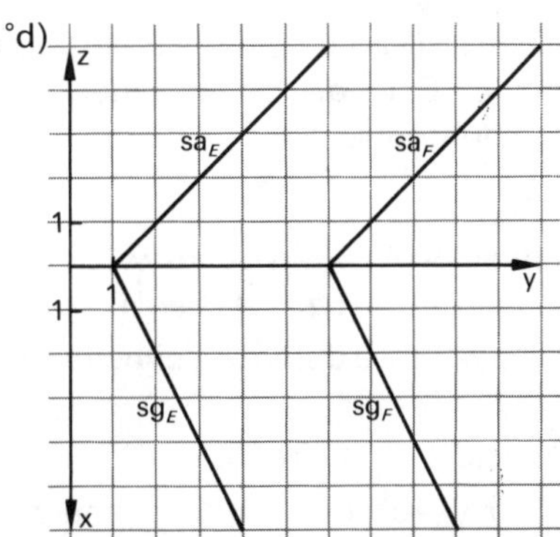

4. Zeichne die Risse der Schnittgeraden (falls vorhanden) der beiden Ebenen *E* (A, B, C) und *F* (P, Q, R)!

   a) A (0,5/3,5/1,5), B (1,5/5,5/1,5), C (0,5/5/3),
   P (4/8/1,5), Q (1/9,5/1,5), R (1/6,5/6). [6/12/7]

   b) A (3/4,5/1), B (1/5,5/3), C (1/2,5/1),
   P (3/10,5/1,5), Q (1/9,5/4,5), R (1/8,5/1,5). [5/12/7]

   °c) A (1,5/7,5/1,5), B (0,5/9,5/1,5), C (0,5/8/3),
   P (4/2,5/1,5), Q (2/3,5/1,5), R (2/0,5/4,5). [6/13/5]

   °d) A (2/6/1,5), B (0,5/4/3), C (0,5/3/1,5),
   P (3/9/0,5), Q (1/10/0,5), R (1/8/2,5). [5/12/7]

Der Schnittpunkt einer Geraden mit einer Ebene

Konstruiere den Punkt S, in dem die Gerade PQ das Dreieck ABC schneidet!
P(4/0/1), Q(4/10/6); A(2/1/7), B(8/7/1), C(2/10/4).

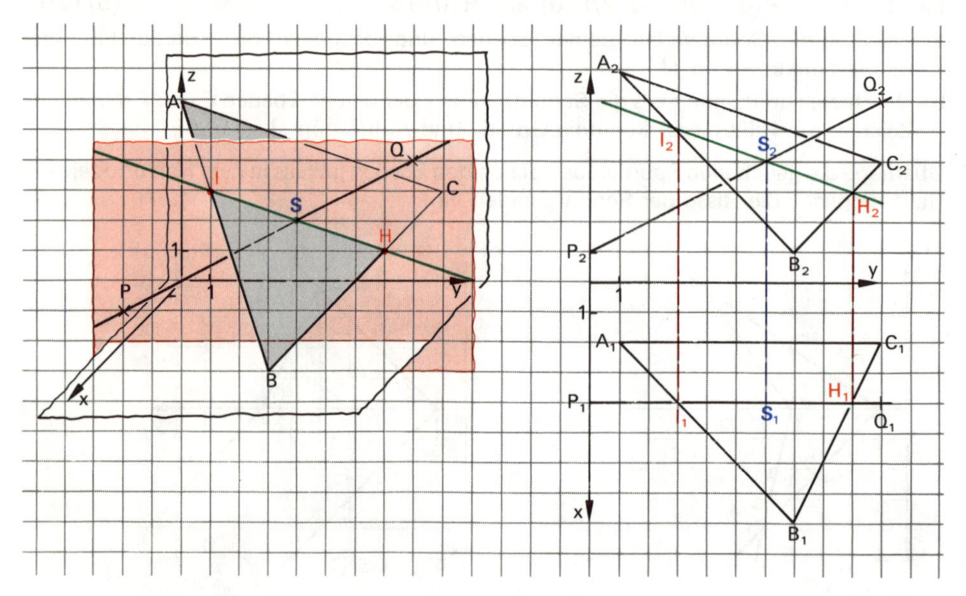

Lösungsgedanke: Die Lotebene zur Grundrißebene durch PQ schneidet die Ebene des Dreiecks ABC in der Hilfsgeraden JH. Diese schneidet die Gerade PQ im gesuchten Schnittpunkt S.

Konstruktion:

a) P_1Q_1 schneidet A_1B_1 in J_1 bzw. B_1C_1 in H_1 (im Grundriß fallen die beiden Geraden PQ und JH zusammen!).

b) Das Lot zur y-Achse durch J_1 schneidet A_2B_2 in J_2, das Lot zur y-Achse durch H_1 schneidet B_2C_2 in H_2.

c) J_2H_2 schneidet P_2Q_2 in S_2.

d) Das Lot zur y-Achse durch S_2 schneidet P_1Q_1 in S_1.

1. Gegeben sind die Ebene E(A, B, C) und die Gerade g(P, Q) durch A(6/10,5/6), B(1/8/1), C(3,5/3/6), P(4,5/3,5/1) und Q(1/10,5/4,5). [7/12/7]
   a) Zeichne Grund- und Aufriß des Dreiecks ABC und der Geraden g!
   b) $P_1 Q_1$ soll die Grundrißspur einer Ebene H sein, die PQ enthält. Wie verläuft diese Ebene H bezüglich der Grundrißebene?
   c) Zeichne zunächst den Grundriß h_1 der Schnittgeraden h von E und H und dann ihren Aufriß h_2!
   d) Welche Bedeutung hat der Schnittpunkt S von h und g? Gib seine Koordinaten an!
   e) Zeichne die Dreieckslinie ABC und die Gerade g in Grund- und Aufriß unter Berücksichtigung der Sichtbarkeit!

2. Gegeben sind die Ebene E(A, B, C) und die Gerade g(P, Q). Zeichne den Schnittpunkt S von g und E sowie die Dreieckslinie ABC und die Gerade g unter Berücksichtigung der Sichtbarkeit!
   a) A(5/3,5/5,5), B(3,5/8/4), C(0,5/2/1), P(6/8,5/2), Q(0/2,5/5) [7/10/6]
   °b) A(2,5/0/4,5), B(6,5/12/0,5), C(0,5/6/6,5), P(4,5/9/6,5), Q(1/2/3) [7/13/7]
   °c) A(2,5/0/4,5), B(6,5/12/0,5), C(0,5/6/6,5), P(0/10/0), Q(4,5/1/6) [7/13/7]

3. Übertrage die gegebenen Spurgeraden der Ebene E und die Risse der Geraden h jeweils in dein Heft. Zeichne den Schnittpunkt S von g und E. Beachte die Sichtbarkeit!

a)

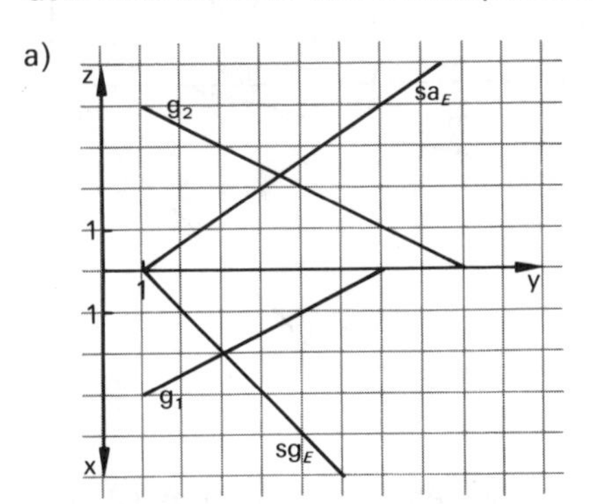

b)

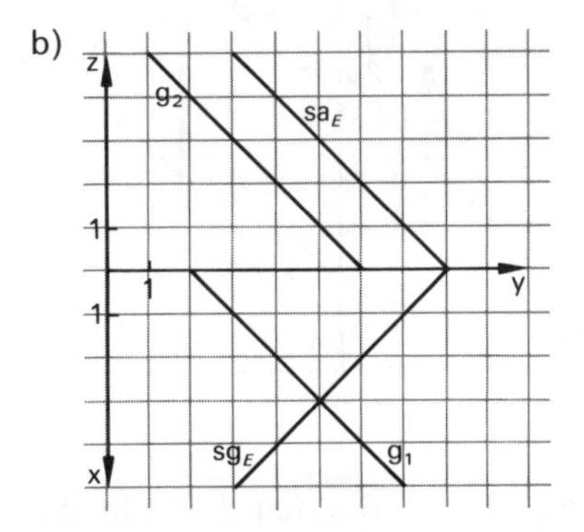

W4. Beschreibe die Lösungsgedanken zu den „Grundkonstruktionen"!

Gegeben:	Gesucht:
a) Zwei Punkte A und B	Gerade AB, Spurpunkte von AB
b) Punkt A, Gerade g (A ∉ g)	Gerade h parallel zu g durch A
c) Zwei Geraden g und h	Schnittpunkt von g und h
d) Zwei Geraden g und h (g ∥ h oder g schneidet h)	Spurgeraden der durch diese Angaben bestimmten Ebene
e) Punkt A, Gerade h (A ∉ h)	(Spurgeraden der durch diese Angaben bestimmten Ebene)
f) Drei Punkte A, B, C (AB ≠ AC)	(Spurgeraden der durch diese Angaben bestimmten Ebene)
g) Zwei Ebenen E und F	Schnittgerade von E und F
h) Gerade g, Ebene E	Schnittpunkt von E und F

Sonderfälle?

Schnitt zweier ebener Gebilde

Gegeben sind die beiden Dreiecksflächen ABC und PQR.
Zeichne Grund- und Aufriß beider Dreiecke und ihre gemeinsame Strecke unter Beachtung der Sichtbarkeit!

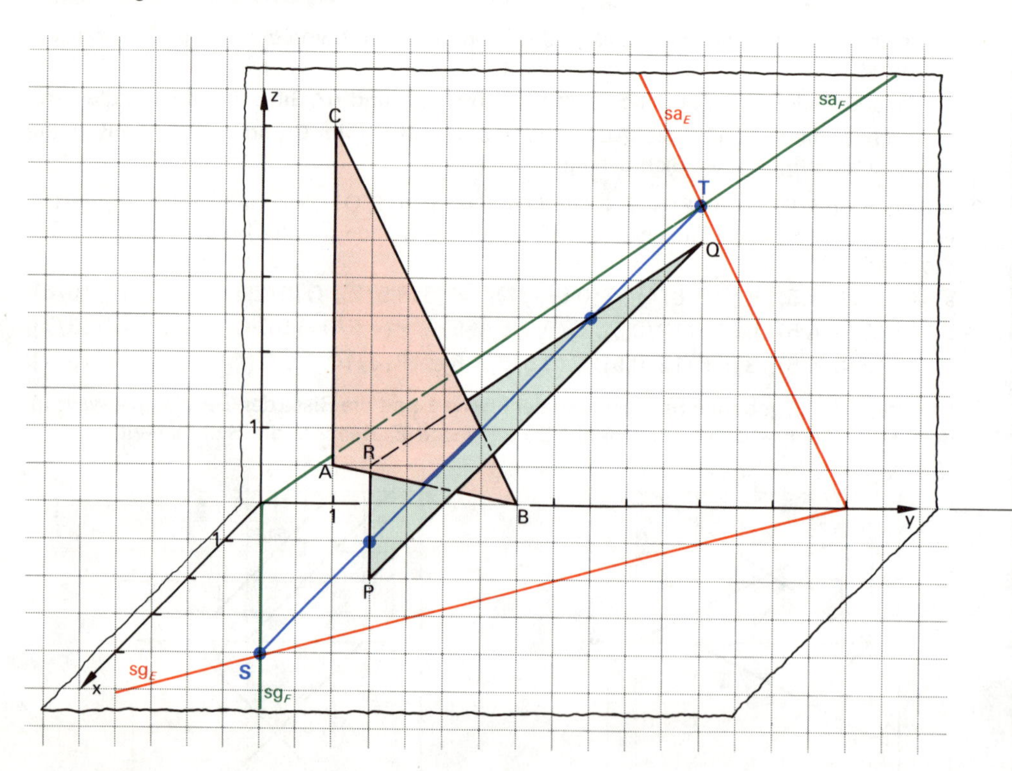

Lösungsgedanke: Der Teil der Schnittgeraden der beiden Ebenen E(A, B, C) und F(P, Q, R), welcher innerhalb beider Dreiecke verläuft, ist die gesuchte Strecke.

Konstruktion:

a) Durch die Spurpunkte z. B. der Geraden AB und CB sind die Spurgeraden sg_E und sa_E von E(A, B, C) festgelegt. (Beachte: CB ist Frontlinie, also ist $sa_E \parallel C_2 B_2$.)

b) Durch die Spurpunkte z. B. der Geraden RQ und RP sind die Spurgeraden sg_F und sa_F von F(P, Q, R) festgelegt. (Beachte: RQ ist Frontlinie von F, also ist $sa_F \parallel R_2 Q_2$, und RP ist Höhenlinie von F, also ist $sg_F \parallel R_1 P_1$.)

c) Die Schnittpunkte der entsprechenden Spurgeraden sind S und T. ST ist die Schnittgerade von E und F.

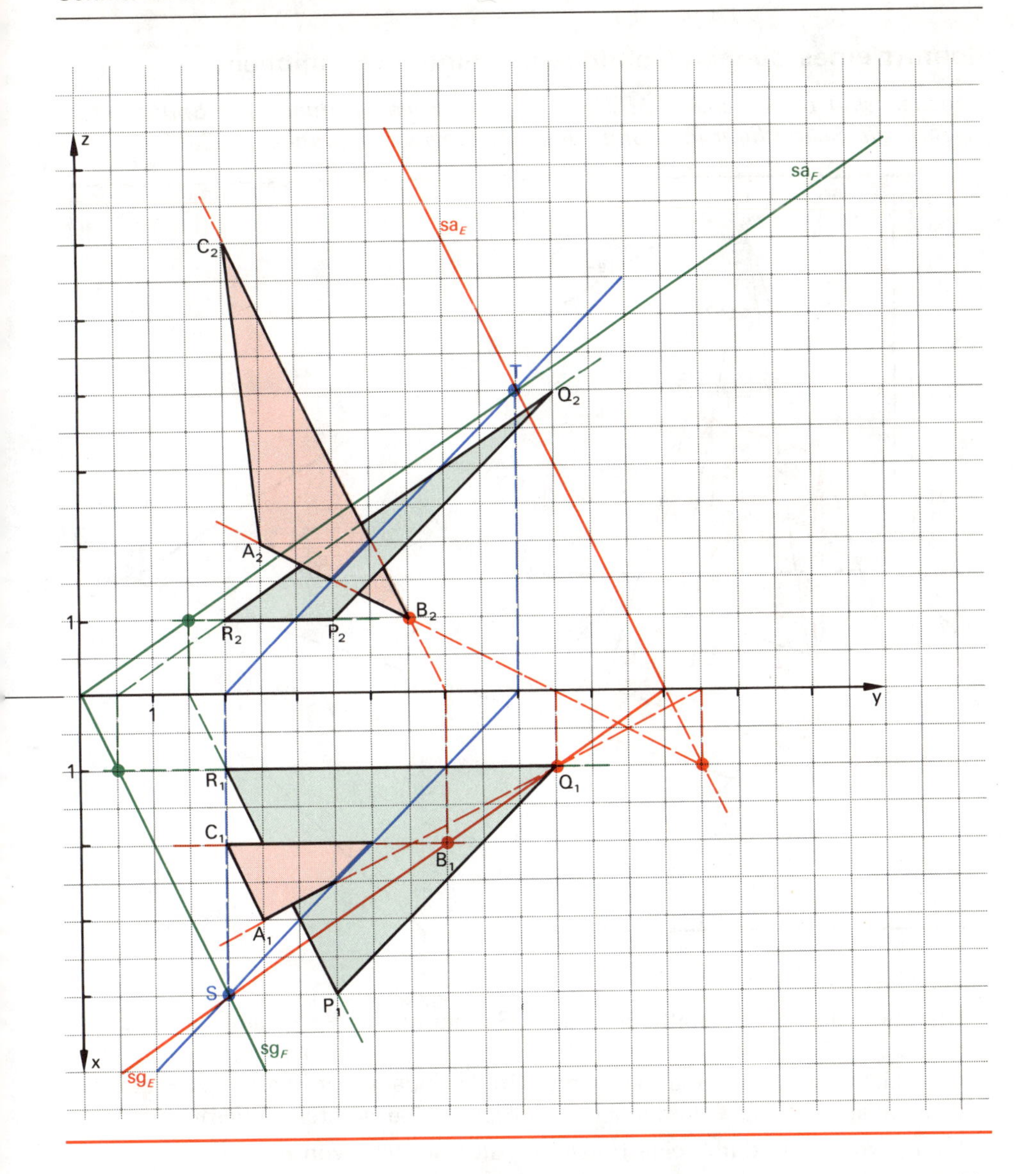

1. Gegeben sind die beiden Dreiecke ABC und PQR durch A (2/2/1,5), B (7/7/1,5), C (2/9,5/9), P (2/0,5/7,5), Q (4,5/10,5/2,5) und R (1,5/7,5/10). [8/12/11]
   a) Zeichne den Punkt S, in dem die Gerade PQ die Ebene *E* (A, B, C) schneidet und den Punkt T, in dem die Gerade RQ die Ebene *E* (A, B, C) schneidet. Zeichne die Strecke [ST]! Welche Bedeutung hat sie?
   b) Zeichne die Dreieckslinien und schraffiere die Dreiecksflächen unter Berücksichtigung der Sichtbarkeit!
2. Zeichne die Dreieckslinien und schraffiere die Dreiecksflächen unter Berücksichtigung der Sichtbarkeit für die Dreiecke A (2,5/0/4,5) B (6,5/12/0,5) C (0,5/6/6,5) und P (0/10/0) Q (4,5/1/6) R (4,5/13/6)! [7/14/7]

Schnitt eines ebenen Gebildes mit einem räumlichen

Gegeben sind die Pyramide ABCD-S und die Ebene E durch ihre Spurgeraden. Zeichne die Schnittfigur in Grund- und Aufriß sowie in wahrer Größe!

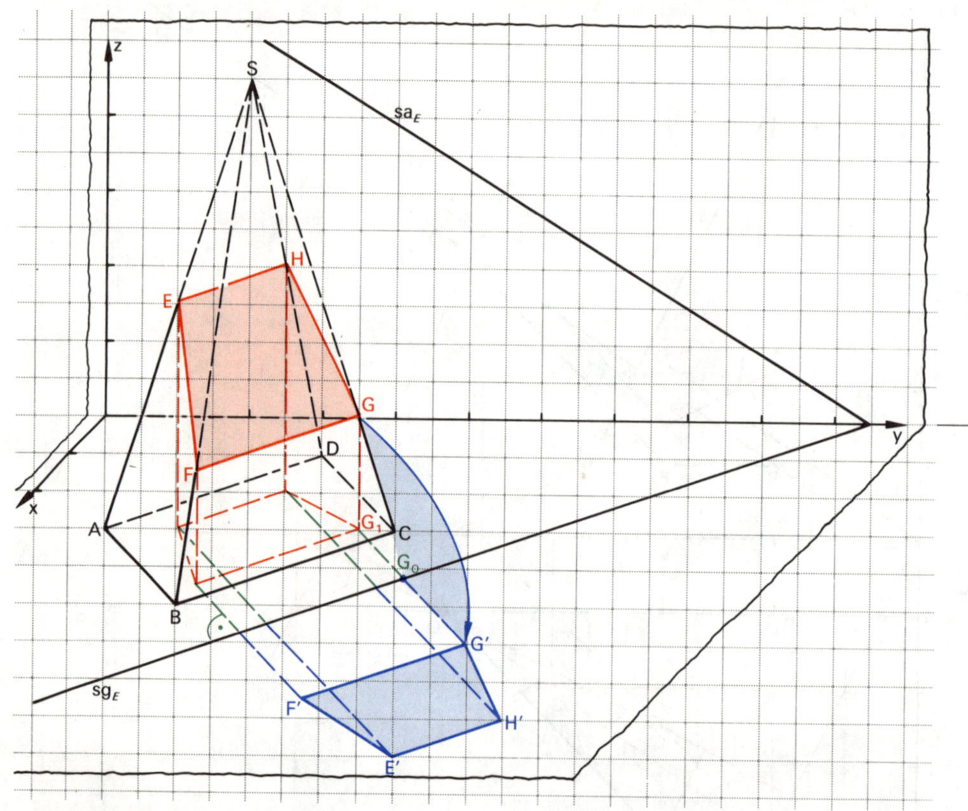

Lösungsgedanke:

- Die Eckpunkte der Schnittfigur sind die Schnittpunkte der Pyramidenkanten mit der Ebene *E*.
- Die Schnittfigur erhält man in wahrer Größe, indem man die Ebene *E* um ihre Grundrißspur in die Grundrißebene umklappt. Die wahren Entfernungen, z. B. $\overline{G_0G'}$, erhält man durch eine Hilfsfigur (Stützdreiecke von *E*).

Konstruktion:

a) Die Lotebene zur Grundrißebene durch SC (bzw. SA) schneidet *E* in h. h_1 verläuft parallel zur y-Achse. Damit verläuft h_2 parallel zur Aufrißspur sa_E von *E* (Frontlinie!). h_2 schneidet C_2S_2 in G_2 (bzw. A_2S_2 in E_2).

b) Da die beiden Ebenen *E*(PQR) und *F*(SBC) die Grundrißebene in zwei zueinander parallelen Geraden sg_E und BC schneiden, muß auch die Schnittgerade FG dieser beiden Ebenen zu sg_E bzw. BC parallel sein. Damit ist F_1G_1 parallel zu sg_E und F_2G_2 parallel zur y-Achse.
Die gleiche Überlegung gilt für EH.

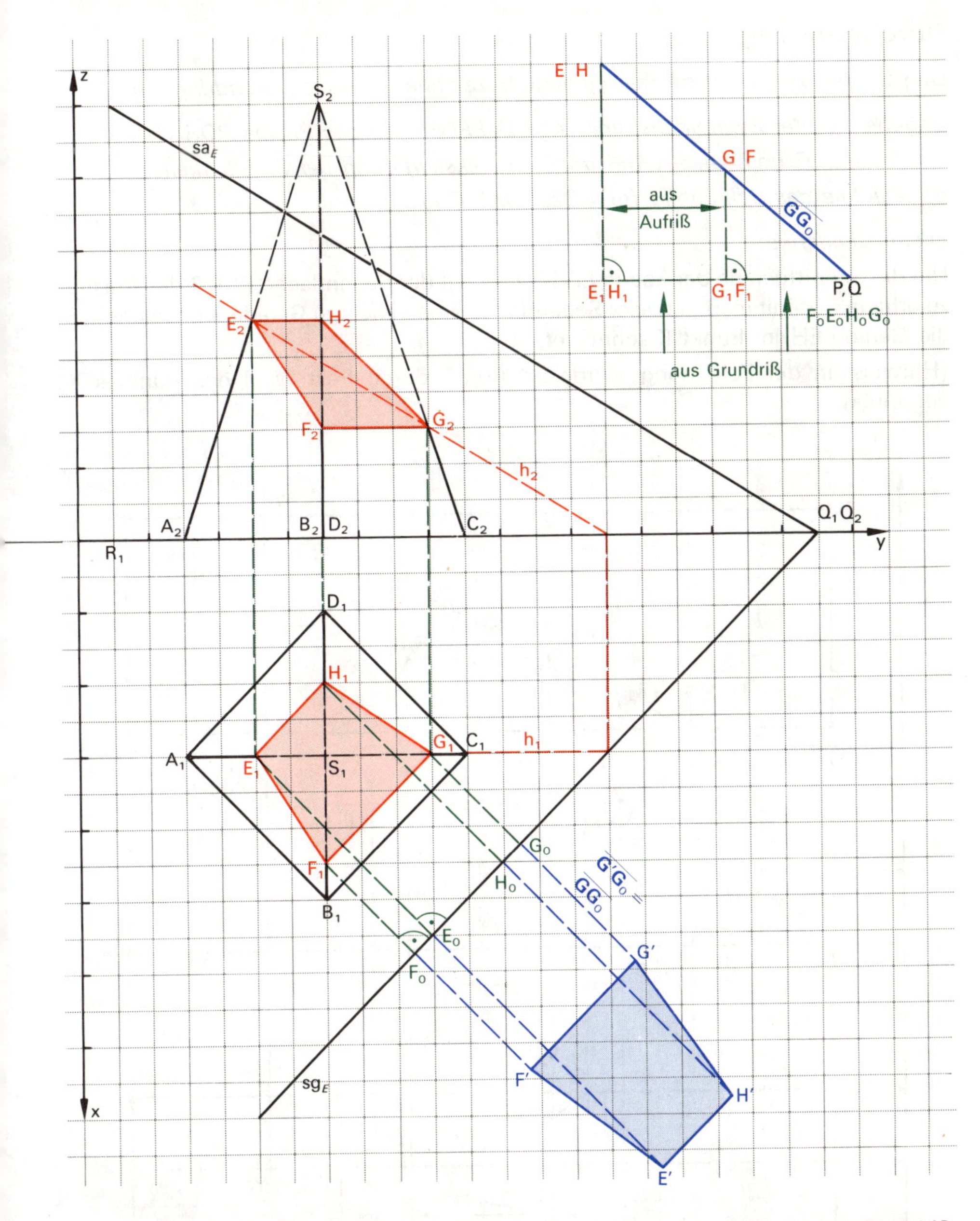

c) Die wahre Größe von FGHE erhält man durch Umklappen um sg_E in den Grundriß. Die Abstände der Punkte von sg_E erhält man aus den Stützdreiecken (Hilfsfigur!).

1. Gegeben sind die Pyramide ABC-S und die Ebene E(P, Q, R). Zeichne die Schnittfigur in Grund- und Aufriß sowie in wahrer Größe! [10/14/9]
A (6/4/0), B (0/8/0), C (1/3/0), S (3/5/6), P (10/2/0), Q (0/12/0), R (0/0/6).

Durchdringung

Den Schnitt zweier räumlicher Gebilde bezeichnet man als *Durchdringung.*

Gegeben ist der Pyramidenstumpf ABCD-EFGH und das Prisma PQR-STU.

a) Zeichne Grund- und Aufriß unter Berücksichtigung der Sichtbarkeit!

b) Zeichne das Schrägbild ($\omega = 225°$; $q = 0{,}7$)!

Lösungsgedanke:

Um die Schnittgerade der Ebene EFGH z. B. mit der Seitenfläche PSUR des Prismas zu erhalten, wählt man in dieser Seitenfläche eine beliebige Gerade XY, welche z. B. die Gerade EH im Punkt K schneidet.

(Hinweis: in der Zeichnung wurde im Aufriß durch freie Wahl des Punktes X_2 begonnen.)

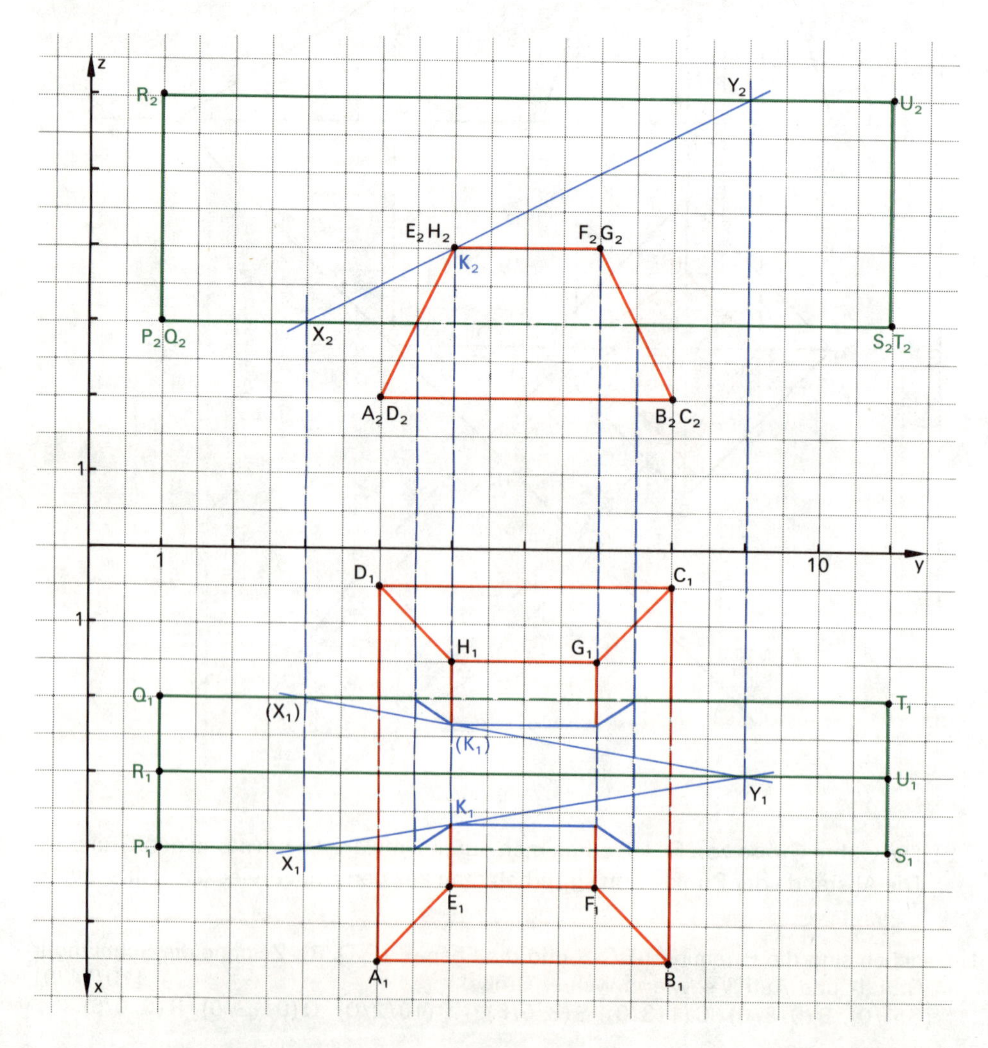

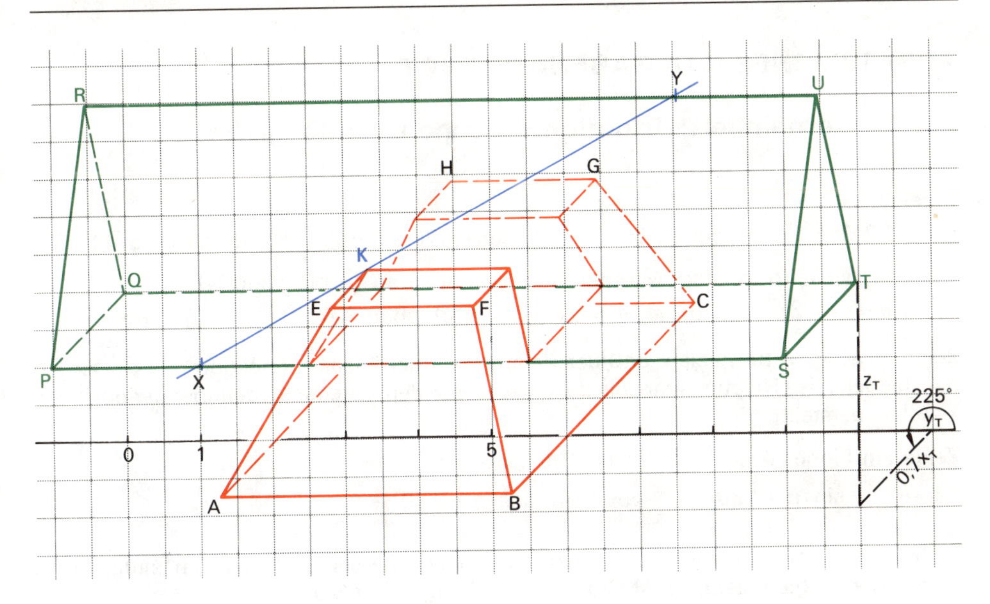

1. Gegeben sind der Quader ABCD-EFGH und die Pyramide PQR-S.

A (5/5/1)	E (5/5/6)	P (11/4,5/0,5)
B (8/5/1)	F (8/5/6)	Q (11/1,5/3,5)
C (8/1/1)	G (8/1/6)	R (11/3/6,5)
D (5/1/1)	H (5/1/6)	S (2/3/3,5)

a) Zeichne Grund- und Aufriß unter Berücksichtigung der Sichtbarkeit! [12/6/7]

b) Zeichne das Schrägbild ($\omega = 225°$; $q = 0{,}7$)!

c) Zeichne die größere der beiden Schnittfiguren $P_0Q_0R_0$ in wahrer Größe!

2. Gegeben sind der Quader ABCD-EFGH und die Pyramide PQR-S.

A (6/5/1)	E (6/5/4)	P (12/5/2)
B (9/5/1)	F (9/5/4)	Q (12/1/2)
C (9/1/1)	G (9/1/4)	R (8/3/6)
D (6/1/1)	H (6/1/4)	S (0/3/2)

a) Zeichne Grund- und Aufriß unter Berücksichtigung der Sichtbarkeit! [13/6/7]

b) Zeichne das Schrägbild ($\omega = 225°$; $q = 0{,}7$)!

3. Gegeben ist der Körper ABCD-EFGH, der einem Pyramidenstumpf, und der Körper PQR-STU, der einem Prisma ähnelt.

A (5/5/1)	E (6,5/4/4)	P (2/3/2)	S (12/3/2)
B (9/5/1)	F (7,5/4/4)	Q (3,5/4/5)	T (10,5/4/5)
C (9/1/1)	G (7,5/2/4)	R (3,5/2/5)	U (10,5/2/5)
D (5/1/1)	H (6,5/2/4)		

a) Zeichne Grund- und Aufriß unter Berücksichtigung der Sichtbarkeit! [13/6/6]

b) Zeichne das Schrägbild ($\omega = 225°$; $q = 0{,}7$)!

ZUSÄTZLICHES AUFGABENANGEBOT

Zur 16. Lerneinheit: Trigonometrische Grundbegriffe

1. Berechne:
   a) $\sin 23°30'$ b) $\cos 25°50'$ °c) $\tan(-26°33'54'')$ °d) $\sin(-5°44'21'')$
2. Gib den Winkel α in Grad, Minuten und Sekunden an ($\alpha \in [0°; 360°]$)!
   a) $\sin\alpha = -0{,}2$ b) $\tan\alpha = 0{,}4$ °c) $\cos\alpha = 0{,}1$ °d) $\tan\alpha = -0{,}1$
3. Zeige an einigen Beispielen, daß der Parameter a der linearen Funktion $f\colon x \mapsto ax + b$ den Tangens des Neigungswinkels der entsprechenden Geraden gegenüber der positiven x-Achse darstellt!
4. Zeige am Einheitskreis, daß für alle Winkel α gilt:
   $\sin\alpha = -\sin(\alpha + 180°)$ $\cos\alpha = -\cos(\alpha + 180°)$
5. a) Im Weltraum trifft auf eine $1\,m^2$ große Fläche, die senkrecht zu den einfallenden Sonnenstrahlen steht, in 24 Stunden die Energie 117 MJ.
   Wie groß ist diese Energie, wenn der Einfallswinkel der Sonnenstrahlen (gegen das Lot auf die Fläche gemessen) 20°, 40°, 60°, 80° beträgt?
   b) Am Winteranfang steht die Sonne mittags über dem südlichen Wendekreis (23°30′ Süd), am Sommeranfang über dem nördlichen Wendekreis (23°30′ Nord). Um wieviel Prozent ist die Sonneneinstrahlung auf eine horizontale Fläche bei uns (50° nördliche Breite) um die Mittagszeit allein aufgrund des flacheren Einfalls bei Winteranfang geringer als bei Sommeranfang?
   Welche Umstände verringern die einfallende Sonnenenergie noch mehr?

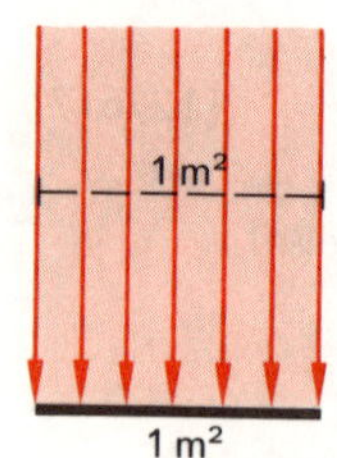

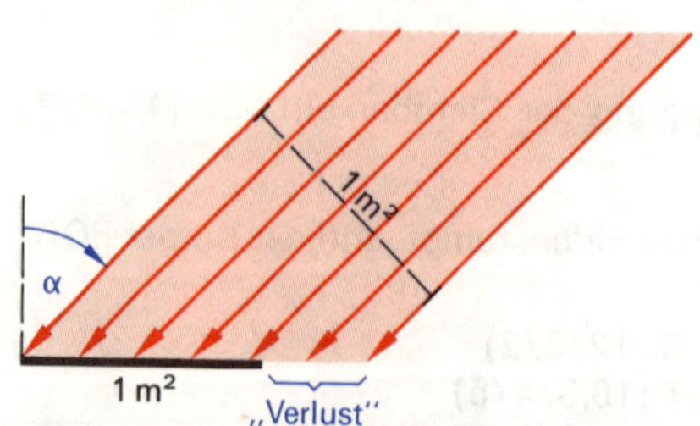

Die Mittagssonne im Verlauf eines Jahres, vom selben Ort bei gleicher Blickrichtung gesehen

6. Der Öffnungswinkel eines Fotoobjektivs ist der Winkel, unter dem vom Objektiv aus die Diagonale (!) des Bildes erscheint. Welchen Öffnungswinkel hat das 50-mm-Objektiv einer Kleinbildkamera bei Entfernungseinstellung auf „Unendlich ∞"? (Also: Linsenbrennweite 50 mm, Bildformat 24 mm × 36 mm, Bildweite gleich Brennweite)

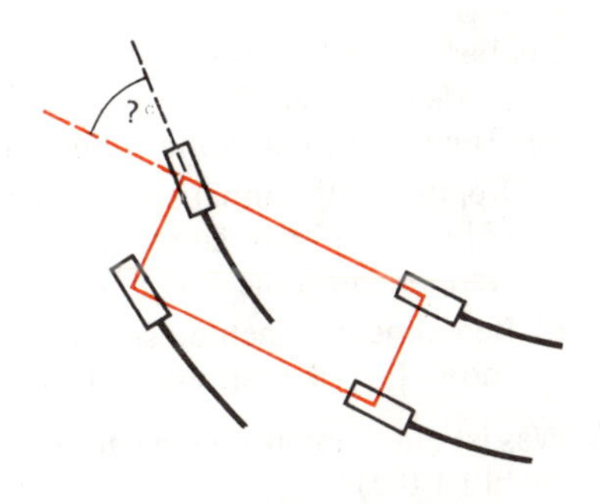

7. Wenn ein Fahrzeug im Kreis fährt, zeigen alle Radachsen annähernd zum Kreismittelpunkt. Für ein Fahrzeug mit einem Radstand d von 2800 mm und einer Spurweite s von 1300 mm wird ein Wendekreisdurchmesser (Durchmesser des größten von einem Rad durchfahrenen Kreises) von 10 m angegeben. Wieviel Grad muß dazu das kurveninnere und wieviel Grad das kurvenäußere Vorderrad eingeschlagen werden?

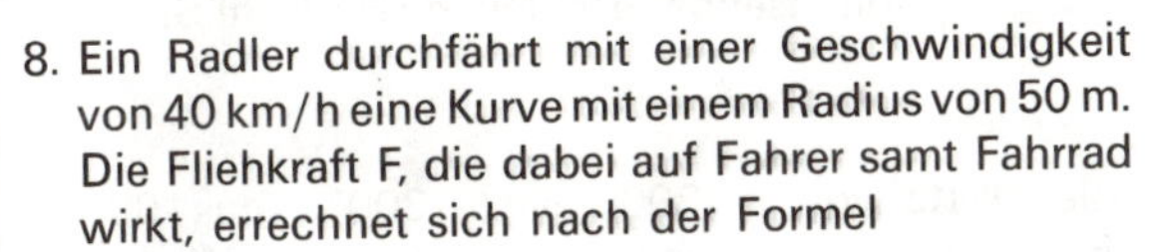

8. Ein Radler durchfährt mit einer Geschwindigkeit von 40 km/h eine Kurve mit einem Radius von 50 m. Die Fliehkraft F, die dabei auf Fahrer samt Fahrrad wirkt, errechnet sich nach der Formel

$$F = m \cdot \frac{v^2}{r}$$

(F: Fliehkraft in N;
m: Masse in kg;
v: Geschwindigkeit in $\frac{m}{s}$;
r: Kurvenradius in m)

Welche Schräglage ist nötig, damit die Resultierende aus Gewichts- und Fliehkraft genau durch den Berührpunkt Rad–Boden verläuft (also das gesamte Drehmoment aus Gewichts- und Zentrifugalkraft um diesen Punkt Null ist)? Welche seitliche Kraft muß durch die Reibung zwischen Rad und Straße aufgefangen werden?

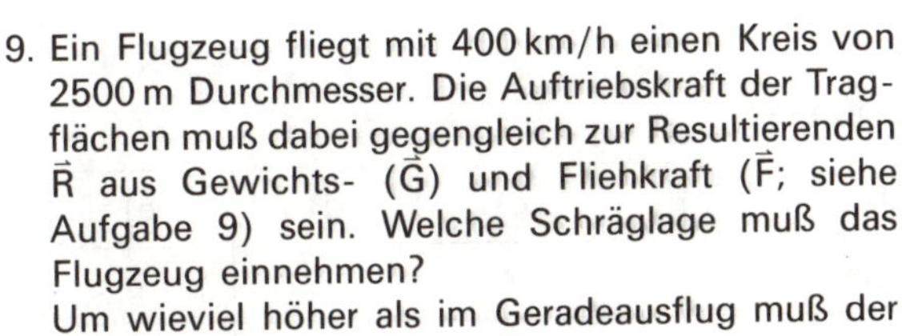

9. Ein Flugzeug fliegt mit 400 km/h einen Kreis von 2500 m Durchmesser. Die Auftriebskraft der Tragflächen muß dabei gegengleich zur Resultierenden $\vec{R}$ aus Gewichts- ($\vec{G}$) und Fliehkraft ($\vec{F}$; siehe Aufgabe 9) sein. Welche Schräglage muß das Flugzeug einnehmen?
Um wieviel höher als im Geradeausflug muß der Auftrieb sein?

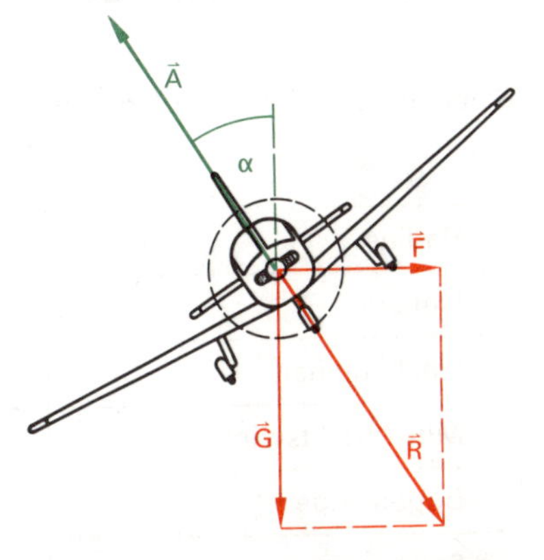

°10. Bei welcher Schräglage des Flugzeugs im Kurvenflug werden die Insassen genau mit ihrem doppelten Körpergewicht in den Sitz gepreßt?
Bei welchem Kurvenradius ist das der Fall, wenn das Flugzeug mit 180 km/h fliegt?

11. Ein Autoreifen hat auf trockenem Asphalt die Haftzahl μ (Reibungszahl für Haftreibung) von 0,8, auf nassem Asphalt von 0,5 und auf Eis von 0,1.
   a) Wie steil dürfte eine Straße höchstens sein, die das Auto, ausreichende Getriebeübersetzung vorausgesetzt, gerade noch erklimmen kann (bei den drei genannten Fahrbahnzuständen)?
   b) Bei welcher Geschwindigkeit käme das Auto in einer Kurve von 50 m Radius mit Sicherheit ins Rutschen?

12. Der berühmte Architekt Le Corbusier (1887–1965) stellte auf Grund von Beobachtungen folgende Regel auf: Bei einer bequem begehbaren Treppe ist der Zusammenhang zwischen der Tiefe t und der Höhe h der Stufen durch die Formel $2h + t = 63$ (cm) beschrieben.
    a) Treppen in Wohnhäusern haben normalerweise eine Stufenhöhe von 17 cm. Unter welchem Winkel steigt eine solche Treppe, wenn die Regel von Le Corbusier beachtet wurde?
    b) Berechne die nach dieser Formel günstigste Stufentiefe und -höhe für Treppen von 10°, 20°, 45°!

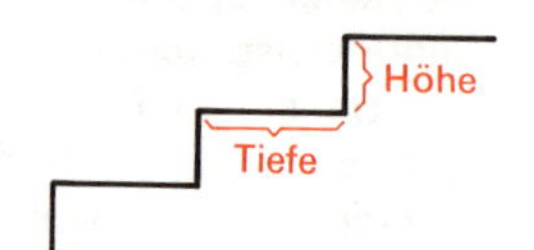

°13. Was ist die theoretisch steilstmögliche Steigung von Eisenbahnschienen (Haftzahl Stahl-Stahl ist 0,2)?
Ergebnis in % und Grad!

14. Bestimme mit dem Taschenrechner die Werte von sin 300°, sin (−300°), cos 190°, cos (−190°), tan 250°, tan (−250°). Berechne dann jeweils umgekehrt den Winkel, den der Taschenrechner dem gefundenen Sinus-, Kosinus- bzw. Tangenswert zuordnet! (INV- oder entsprechende Taste!)

15. Bestimme alle Winkel zwischen 0° und 360°, für die der Sinus-, Kosinus- bzw. Tangenswert 0,5 (−0,5; 1; −1) ist!

16. Bei kleinen Winkeln kann man für Abschätzungen und Überschläge folgende Näherungsformel verwenden: $\sin\alpha \approx \alpha : 57°$.
Probiere: In welchem Bereich ist der Fehler dieser Näherungsformel kleiner als 5% bzw. kleiner als 10%?
°Prüfe entsprechend die Näherungsformel $\sin\alpha \approx \alpha : 60°$!

Zur 17. Lerneinheit: Berechnungen am Kreis

1. Berechne die fehlenden Größen eines Kreises!

	a)	b)	c)	d)	e)
Radius	2 cm	?	?	?	?
Umfang	?	2,1 m	?	12,88 m	?
Flächeninhalt	?	?	2,01 m²	?	?
Mittelpunktswinkel	80°	?	?	?	60°
Bogenlänge	?	70 cm	?	?	?
Sehnenlänge	?	?	1,13 m	?	?
Sektorfläche	?	?	?	2,20 m²	?
Segmentfläche	?	?	?	?	9,0 dm²

2. Welchen Weg legt die Spitze des 8 mm langen Sekundenzeigers einer Armbanduhr in einem Jahr auf dem Zifferblatt zurück?

3. Welche Geschwindigkeit hat ein Punkt der Erde infolge der Erddrehung
   a) am Äquator, [T]b) auf unserer Breite,
   [T]c) am Startplatz der Europarakete ARIANE in Koru?
   Warum bevorzugt man äquatornahe Raketenstartplätze für Satellitenstarts, und welche Umlaufrichtung wird bevorzugt?

4. Welche Geschwindigkeit hat die Erde im Mittel auf ihrer Bahn um die Sonne? (Betrachte die Erdbahn als kreisförmig, schlage die benötigten Daten im Lexikon nach!)

5. Die Geschwindigkeit eines Autos wird über die Drehzahl eines Rades gemessen.
   a) Wieviel Umdrehungen pro Sekunde macht ein Autorad von 60 cm Durchmesser bei einer Geschwindigkeit von 100 km/h?
   b) Um wieviel Prozent verändert sich die Geschwindigkeitsanzeige, wenn das Profil dieses Rades um 5 mm abgefahren wurde?

[T]6. Wie lang ist der Abschnitt eines Breitenkreises zwischen zwei Längenkreisen im Abstand von 1° im Netz der geographischen Koordinaten
   a) am Äquator, b) in unseren Breiten (50° Nord)?

[T]7. Berechne die notwendige Riemenlänge für die folgenden Transmissionen:

a)

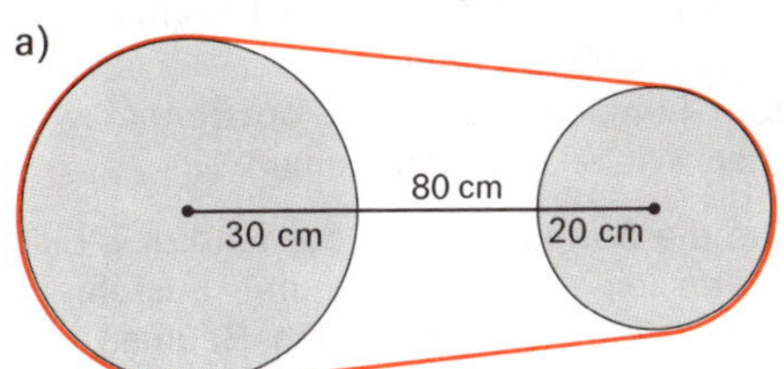

b)

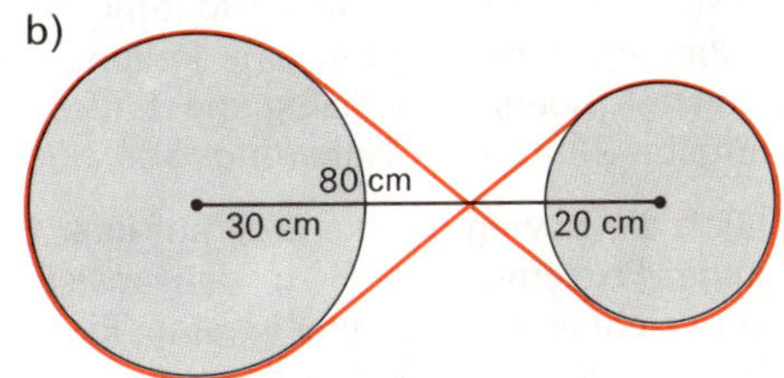

8. Zwei gerade Schienenstrecken, die sich unter einem Winkel von 60° schneiden, sollen durch vier Schienenbögen von 800 m Radius verbunden werden. In welchem Abstand vom Kreuzungspunkt müssen die verschiedenen Bögen angesetzt werden?

[T]9. a) Flugzeuge fliegen bei bestimmten Manövern sogenannte 2-Minuten-Kurven, d. h.: Für einen Vollkreis würden bei einer solchen Kurvenlage 2 Minuten benötigt.
   Welcher Kurvenradius und welche Schräglage ergeben sich bei einer Fluggeschwindigkeit von 300 km/h (380 km/h)? Wie „schwer" werden dabei die Insassen? (Vgl. Aufgaben 8 und 9 auf Seite G 95!)

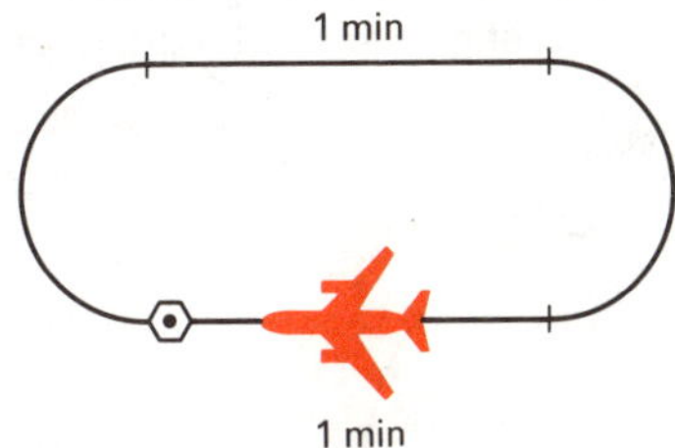

   b) Für Warteschleifen gilt in Höhen bis etwa 4200 m folgendes Standardverfahren: Das Flugzeug fliegt auf vorgeschriebenem Kurs geradeaus auf ein Funkfeuer zu, geht sofort nach Überfliegen des Funkfeuers in einer Rechtskurve auf Gegenkurs, behält den Gegenkurs 1 Minute bei, und nimmt dann wieder nach einer Rechtskurve den Anflugkurs auf das Funkfeuer ein.
   Die Rechtskurven werden mit einer Drehgeschwindigkeit von 3 Grad pro Sekunde geflogen, sofern die Schräglage 25° nicht übersteigt, andernfalls mit 25° Schräglage. Berechne Länge l und Breite b einer solchen Warteschleife bei einer Fluggeschwindigkeit von 300 km/h (380 km/h)!

[T] Bei diesen Aufgaben werden trigonometrische Kenntnisse benötigt

Zur 18. Lerneinheit: Trigonometrische Funktionen

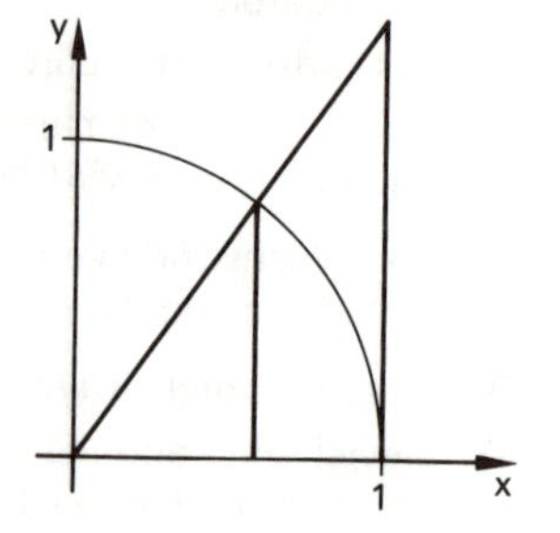

1. a) Zeichne Dreiecke mit $\alpha = 40°$, $\beta = 90°$ und $c = 0{,}5$ dm bzw. $c = 0{,}7$ dm bzw. $c = 1$ dm. Miß jeweils die Seiten (in dm) und berechne daraus $\tan\alpha$! Was fällt auf?
   b) Übertrage die Zeichnung in dein Heft! Markiere farbig und beschrifte: x, φ, sin x, cos x, tan x.
   c) Welche Ungleichung gilt zwischen x, sin x und tan x für $x \in \left[0; \frac{\pi}{2}\right[$?

2. In einem gleichschenkligen Dreieck mit der Schenkellänge a ist für kleine Winkel x (Bogenmaß!) zwischen den Schenkeln die Länge der Basis näherungsweise gleich $a \cdot x$.
   a) Begründe diese Faustformel!
   b) Bis zu welchem Winkel x ist der Fehler, der durch die Verwendung dieser Faustformel gemacht wird, kleiner als 1% (5%, 10%)? (Probiere!)

3. Ein Flugzeug fliegt geradeaus mit 240 km/h. Der Radiokompaß zeigt eine Peilung (Winkel zwischen Flugrichtung und Richtung zum Funkfeuer) von 85° zu einem Funkfeuer. 5 Minuten später zeigt er eine Peilung von 95° zum selben Funkfeuer. Berechne überschlagsmäßig die Entfernung zum Funkfeuer mit der Faustformel von Aufgabe 2 und dem Näherungswert 60° für einen Winkel vom Bogenmaß 1!

4. Durch die Bewegung der Erde auf ihrer Bahn um die Sonne entsteht der Eindruck, daß einige Fixsterne relativ zu den meisten anderen eine Eigenbewegung ausführen. (Vergleichbar mit der scheinbaren Eigenbewegung von näherstehenden Bäumen vor einem Punkt am Horizont beim Autofahren). Mißt man den Winkel, unter dem diese Eigenbewegung erscheint (die sogenannte *Fixstern-Parallaxe*), dann kann man aus diesem die Entfernung eines solchen Fixsternes von der Erde berechnen.
   a) Dem deutschen Astronom Friedrich Wilhelm Bessel (1784–1846) gelang zwischen August 1837 und Oktober 1838 die Bestimmung der Parallaxe des 61. Sterns im Sternbild Schwan mit dem unglaublich kleinen Wert von 0,3136 Bogensekunden. Bestimme aus diesem Ergebnis den Abstand dieses Fixsternes von der Erde in Vielfachen des Erdbahndurchmessers! (Faustformel von Aufgabe 2!)
   b) Gib die Entfernung auch in km und in Lichtjahren an! (Mittlerer Durchmesser der Erdbahn: 149,5 Millionen km).

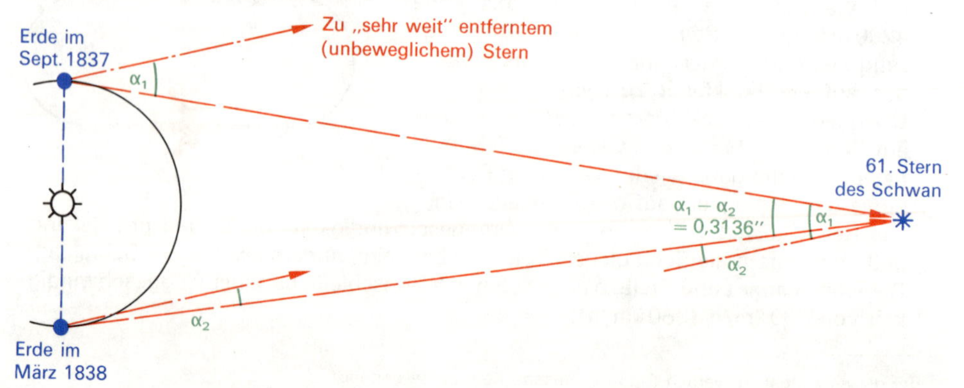

5. Zeige, daß für die Innenwinkel eines Dreiecks folgende Beziehungen gelten:

   a) $\cos\frac{\alpha+\beta}{2} = \sin\frac{\gamma}{2}$ °b) $\sin\frac{\alpha+\beta}{2} = \cos\frac{\gamma}{2}$

6. Ein Kolbenmotor läuft mit 1500 Umdrehungen pro Minute. Der Kurbelradius r sei 10 cm, die Länge l der Pleuelstange betrage 30 cm. Der Drehwinkel α wird so gemessen, wie es in der Zeichnung angegeben ist. Zum Zeitpunkt 0 s ist er 0°.

   a) Um wieviel Grad hat sich die Kurbelwelle nach 1, 20, 1000, t Sekunden gedreht?

   b) Wie groß ist der Abstand d Kurbelachse–Pleuellager im Kolben nach t Sekunden?

   c) Ist die Funktion f: t ↦ d bei konstanter Drehzahl periodisch?

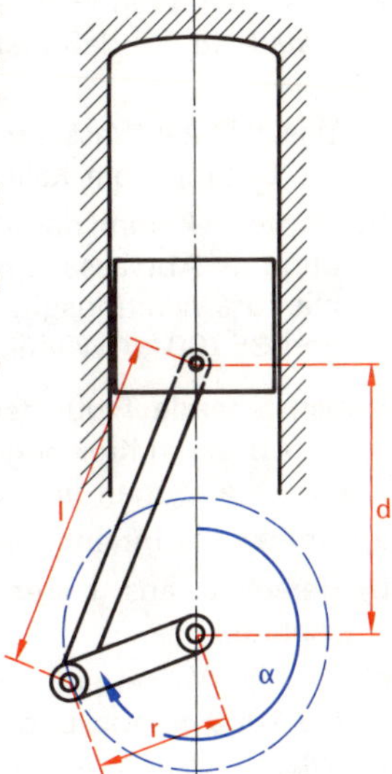

7. Überlege: Sind die folgenden Funktionen periodisch? Wie lang ist gegebenenfalls die Periode (mindestens)? (Lasse den Graphen von einem Computer drucken!)

   a) $f\colon x \mapsto y = \sin x + \cos x;\quad x \in \mathbb{R}$

   b) $f\colon x \mapsto y = \sin x + \cos 2x;\quad x \in \mathbb{R}$

   c) $f\colon x \mapsto y = \sin \frac{1}{2}x + \sin 3x;\quad x \in \mathbb{R}$

   d) $f\colon x \mapsto y = \sin \frac{1}{6}x - 2 \cdot \cos \frac{1}{8}x;\quad x \in \mathbb{R}$

   *e) $f\colon x \mapsto y = a \cdot \sin \frac{x}{m} + b \cdot \sin \frac{x}{n};\quad x \in \mathbb{R}$ mit $m, n \in \mathbb{N}$

   *f) $f\colon x \mapsto y = a \cdot \cos(mx) + b \cdot \cos(nx);\quad x \in \mathbb{R}$ mit $m, n \in \mathbb{N}$

   g) $f\colon x \mapsto y = \sin x + 2x;\quad x \in \mathbb{R}$

8. Zeichne periodische Muster!

Zur 19. Lerneinheit: Zylinder – Kegel – Kugel

1. In einem Zylinder ist $r : h = 2 : 3$.
   Berechne das Volumen und die Oberfläche des Zylinders in Abhängigkeit von r!

2. Der Achsenschnitt eines Zylinders hat den Flächeninhalt 135,2 cm². Das Verhältnis von Radius zu Körperhöhe ist 5 : 8. Berechne Mantel und Volumen des Zylinders!

3. In einem Zylinder verhalten sich die Inhalte von Mantel und Grundfläche wie 4 : 3. Berechne sein Volumen in Abhängigkeit von r!

4. Die 4 Zylinder eines Automotors haben einen Innendurchmesser (*Bohrung*) von 89 mm. Der Weg eines Kolbens vom unteren Totpunkt zum oberen (*Hub*) beträgt 71 mm.

   a) Welches Volumen verdrängt ein Kolben bei seinem Weg vom unteren zum oberen Totpunkt? (Dieses Volumen, multipliziert mit der Zylinderzahl, ergibt den *Hubraum*.)

   b) Das Verhältnis zwischen maximalem und minimalem Zylinderinhalt (bei Kolben im unteren bzw. oberen Totpunkt) beträgt 9,5 : 1 (*Verdichtung*). Wie groß ist bei einem Zylinder des Motors das Volumen bei maximaler Verdichtung?

5. In einem Leitungsrohr von 20 mm Innendurchmesser strömt das Wasser mit einer Geschwindigkeit von 1,5 m/s. Das Rohr mündet in ein solches mit 30 mm Innendurchmesser. Wie schnell fließt das Wasser hier?

6. Bei manchen Warmwasseranlagen kühlt sich das in den Leitungsrohren stehende Wasser sehr stark ab, so daß erst kaltes Wasser „abgelassen" werden muß, ehe heißes Wasser kommt.
   a) Wieviel Liter Wasser werden abgelassen, wenn das Rohr 2,0 cm Durchmesser hat und die Leitung vom Keller bis in den 4. Stock 20 m lang ist?
   b) Wie teuer kommt das Ablassen des Wassers jedesmal, wenn 1 m^3 Frischwasser 2,40 DM und 1 m^3 Abwasser 4,80 DM kostet, und dieses Wasser (unnütz!) durch eine Ölheizung mit 75% Wirkungsgrad von 10°C auf 50°C erhitzt wurde, wenn 1 l Heizöl 50 Pf kostet und 35700 kJ Wärme liefert?

7. Nebenstehende Figur zeigt den Querschnitt einer Betonröhre. $\widehat{AB}$ ist ein Kreisbogen um D, $\widehat{BC}$ ein Kreisbogen um N, $\widehat{CD}$ ein Kreisbogen um A und $\widehat{DA}$ ein Kreisbogen um M.
   a) Drücke die Innenhöhe h der Röhre durch $r = \frac{1}{2}\overline{AD}$ aus!
   b) Berechne aus r den Flächeninhalt des Röhrenquerschnitts!
   c) Wieviel Wasser enthält eine Leitung dieses Querschnitts, die 1000 m lang und ganz gefüllt ist (r = 50 cm)?
   d) Wieviel Wasser enthält dieselbe Leitung, wenn der Wasserspiegel 1 m über der tiefsten Stelle der Röhre liegt?
   e) Wieviel Wasser fließt maximal pro Stunde durch diese Röhre, wenn die Strömungsgeschwindigkeit durchschnittlich $1{,}5\,\frac{m}{s}$ beträgt?

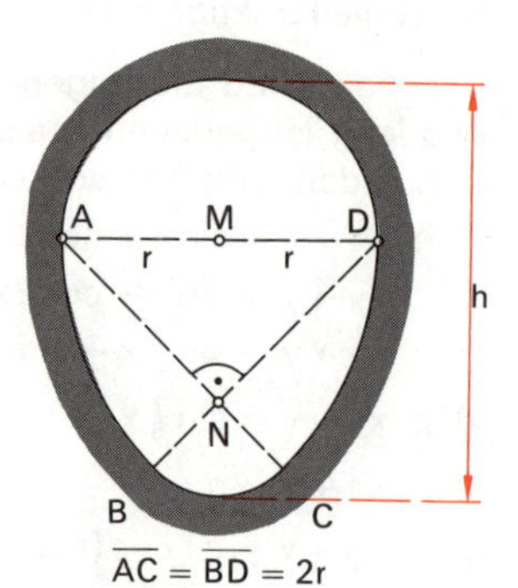

$\overline{AC} = \overline{BD} = 2r$

8. Der Querschnitt eines Tunnels setzt sich wie in der Abbildung gezeigt aus einem Halbkreis vom Radius r = 4,0 m und drei geraden Strecken zusammen. Es ist h = 2,6 m und b = 7,2 m.
   a) Wieviel m^3 Gestein waren beim Bau des 350 m langen Tunnels mindestens auszubohren?
   b) Welche Fläche haben die Tunnelwände?
   c) Wieviel Mauerwerk ist zum Ausmauern des Tunnels erforderlich, wenn die Mauerstärke 50 cm beträgt?

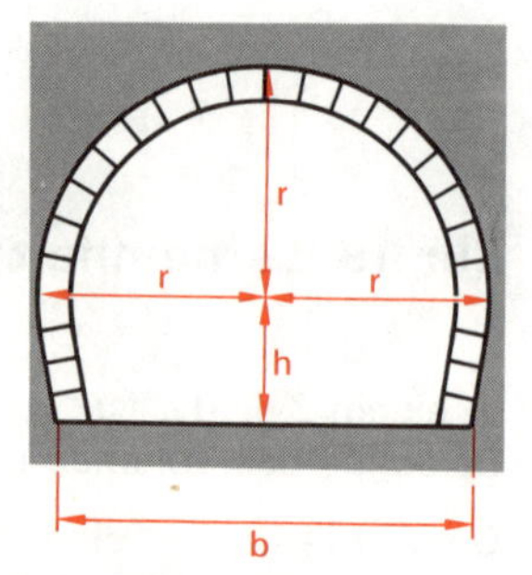

9. Die drei hier dargestellten Körper Zylinder, Kegel und Halbkugel haben gleiche Radien und Körperhöhen.
   In welchem Verhältnis stehen die Volumina dieser drei Körper?

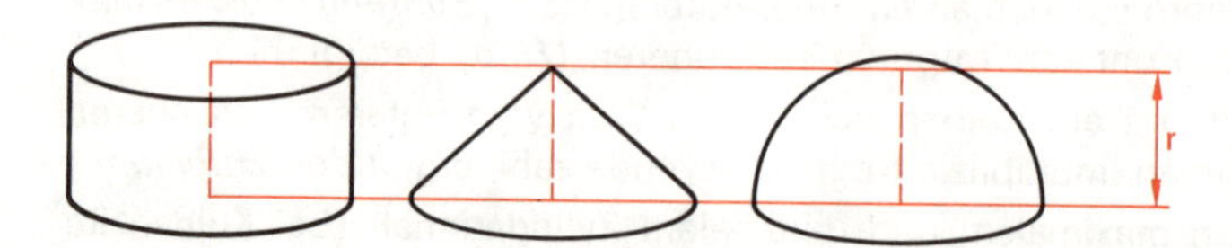

10. Bestimme Oberfläche und Volumen des gesamten Körpers!

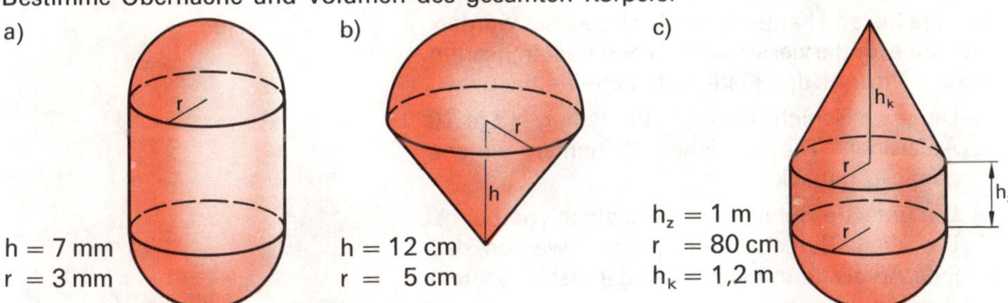

11. Zeige mit Hilfe des Ergebnisses von Aufgabe 5 auf Seite G 47: Das abgebildete *Kugelsegment* hat das Volumen

$$V_S = \frac{\pi}{3} h^2 (3r - h) .$$

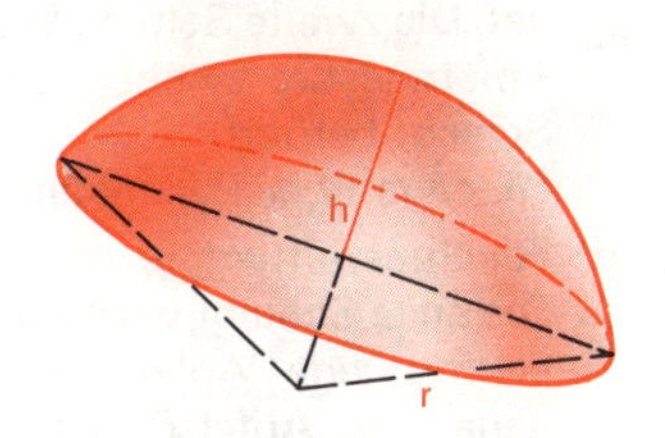

12. *Der Kegelstumpf*
Von einem Kegel wird durch einen zur Grundfläche parallelen Schnitt die Spitze abgeschnitten. Die Höhe des Restkörpers, eines sogenannten Kegelstumpfes, ist h, der Radius der Grundfläche R, der Radius der Deckfläche r.
Berechne Volumen und Mantel des Kegelstumpfes!

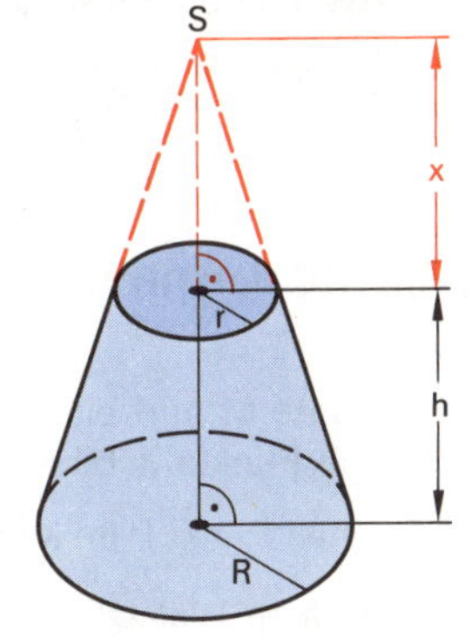

13. Ein Baumstamm, dessen Krone parallel zur Grundfläche abgeschnitten wurde, bildet annähernd einen Kegelstumpf. Die Durchmesser der Grund- bzw. Schnittfläche betragen $d_1 = 80$ cm bzw. $d_2 = 40$ cm. Der Stamm ist 24 m lang.
   a) Berechne sein Volumen!
   b) Vergleiche mit dem Ergebnis, das man mit Hilfe der sogenannten *Försterformel* erhält:

$$V \approx \left(\frac{d_1 + d_2}{4}\right)^2 \cdot \pi \cdot h$$

14. Der Durchmesser eines 14 m langen Baumstammes beträgt am unteren Ende 42 cm und am oberen Ende 31 cm. Welchen Wert hat der Stamm, wenn 1 m³ („Festmeter") des Holzes 182 DM kostet?

15. Apfelsinen (Durchmesser 10 cm) sollen in würfelförmige Kisten (Kantenlänge 1 m) gepackt werden. Berechne für die vier verschiedenen Packungsarten wieviel Prozent des Kistenvolumens freibleiben!
   a) Die erste Schicht besteht aus Reihen mit je 10 Apfelsinen. Die restlichen Schichten werden genauso gepackt.
   b) Die unterste Schicht sei die gleiche wie bei a). Die zweite Schicht soll so gepackt werden, daß jede Apfelsine mit je zweien der ersten Schicht Berührpunkte hat.
   (Rechne über Dreieckshöhen!)
   c) Die erste Schicht sei wie bei a) und b) angeordnet. Die zweite Schicht wird so gelegt, daß jede Apfelsine der zweiten Schicht vier der ersten Schicht berührt.
   (Rechne über Pyramidenhöhen!)
   d) Für Supertüftler!
   Die erste Schicht wird versetzt gelegt. Dadurch berührt jede Apfelsine der zweiten Schicht genau drei Apfelsinen der ersten Schicht bzw. zwei und eine Kistenwand.
   (Rechne über Tetraederhöhen!)

Zur 20. Lerneinheit: Vektortrigonometrie

*1. Ein Punkt M und eine positive Zahl r seien gegeben.
Welche Punkte X bilden die Lösungsmenge der Gleichung $\overrightarrow{MX}^2 = r^2$?

*2. Für einen Punkt P im Koordinatensystem mit dem Ursprung O heißt $\overrightarrow{OP}$ Ortsvektor von P.
Mit $P(p_x/p_y)$ ist $\overrightarrow{OP} = \begin{pmatrix} p_x \\ p_y \end{pmatrix}$.
   a) Es seien der Punkt A(3/1) mit dem Ortsvektor $\overrightarrow{OA} = \begin{pmatrix} 3 \\ 1 \end{pmatrix}$ und der Vektor $\vec{n} = \begin{pmatrix} 1 \\ 2 \end{pmatrix}$ gegeben.
   Für welche Punkte X mit dem Ortsvektor $\overrightarrow{OX}$ ist $\vec{n} \cdot (\overrightarrow{OX} - \overrightarrow{OA}) = 0$?
   Beschreibe die Lösungsmenge!
   (Überlege zunächst, welchen Vektor $\overrightarrow{OX} - \overrightarrow{OA}$ ergibt!)
   b) Schreibe die Gleichung von a) mit Koordinaten (verwende X(x/y)), rechne aus und vereinfache, löse nach y auf. Was stellst du fest?

*3. Begründe: Ist in einem Koordinatensystem $\vec{a} = \overrightarrow{OA}$ und $\vec{n}$ ein Vektor ($\neq \vec{o}$), dann ist die Lösungsmenge der Gleichung $\vec{n} \cdot (\vec{x} - \vec{a}) = 0$ die Menge der Koordinaten aller Punkte der Geraden durch A, die senkrecht zu $\vec{n}$ verläuft. Skizze!

*4. Sei $\vec{a} = \begin{pmatrix} a_x \\ a_y \end{pmatrix}$ ein Vektor. Gib die allgemeine Form aller zu $\vec{a}$ senkrechten Vektoren an!

5. Wie lang ist in einem Kreis vom Radius 5 cm die Sehne zum Mittelpunktswinkel 70°?

6. Wie lang ist die Mantellinie eines Kegels, der einen Grundkreis von 8 cm Durchmesser und einen Öffnungswinkel von 30° hat?

7. Ein Dreieck ist gegeben durch $c = 6$ cm, $\alpha = 30°$ und a. Bestimme b, wenn
   a) $a = 2$ cm, b) $a = 3$ cm, c) $a = 4$ cm d) $a = 7$ cm,
   (I) mit Hilfe des Kosinussatzes (quadratische Gleichung!),
   (II) mit Hilfe des Sinussatzes!
   Konstruiere die Dreiecke!

8. Zeige: Im gleichschenkligen Dreieck mit der Basis c, den Schenkeln s und dem Winkel γ zwischen den Schenkeln gilt: $c = \sqrt{2s^2(1 - \cos\gamma)}$.

9. Ein Flugzeug soll vom Flugplatz Würzburg–Schenkenturm zum Flugplatz Burg Feuerstein fliegen. Der Pilot mißt aus der Karte einen Kurs von 92° (Winkel gegen die Nordrichtung, wobei Nord ≙ 0°, Ost ≙ 90°, Süd ≙ 180° und West ≙ 270°) und eine Entfernung von 88,5 km. Das Flugzeug hat eine Reisegeschwindigkeit von 180 km/h. Die Wetterwarte meldet einen Wind aus Richtung 190° mit einer Geschwindigkeit von 20 km/h.
   a) Um wieviel Grad und in welche Richtung muß der Pilot gegenüber dem gemessenen Kurs „vorhalten", um das Ziel zu erreichen?
   Wie lang dauert der Flug?

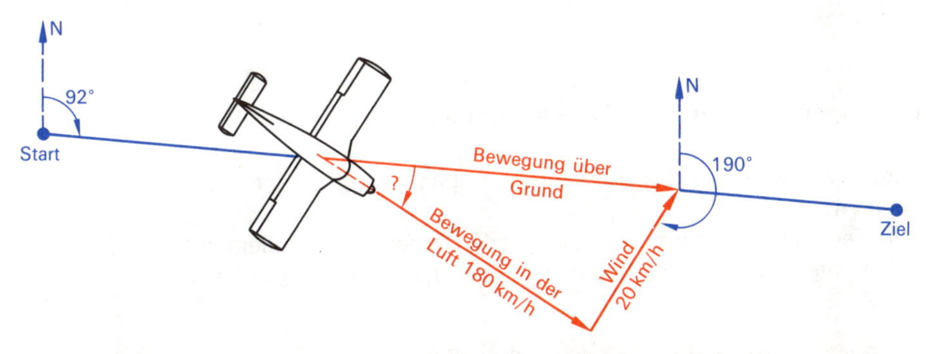

   b) Wo würde sich das Flugzeug nach einer halben Stunde befinden, wenn der Pilot trotz des Windes genau den gemessenen Kurs gesteuert hätte? (Richtung und Entfernung von Würzburg–Schenkenturm).

10. Von einem Schiff wird ein Leuchtfeuer A in Richtung 250° und ein Leuchtfeuer B in Richtung 190° beobachtet. Aus der Seekarte entnimmt man: Die Richtung von A nach B ist 120°, die Entfernung $\overline{AB}$ beträgt 10 Seemeilen.
    Gib die Position des Schiffes bezogen auf Leuchtfeuer A an!
    Kontrolle durch Zeichnung!

11. Ein UFO wird von einem Beobachter genau in Richtung 120° (gegen Nord) und unter einem Höhenwinkel von 30° beobachtet. Ein zweiter Beobachter, der 20 km südwestlich vom ersten Beobachter steht, sieht das Objekt zum selben Zeitpunkt in Richtung 100°. Wie hoch fliegt das UFO?

DEFINITIONEN, AXIOME UND SÄTZE AUS BUCH 7G, 8G UND 9G

Grundbegriffe

Wird einem Gegenstand auf Grund seiner besonderen Eigenschaften ein eigener Name gegeben, so ist das eine *Definition*.

Aussagen über Eigenschaften, die anschaulich gewonnen und nicht begründet werden, heißen *Axiome*.

Aussagen über Eigenschaften, die sich mit Hilfe von Definitionen und Axiomen begründen lassen, heißen *Sätze*.

Vertauscht man in einem Satz Voraussetzung und Behauptung, so erhält man den *Kehrsatz*.

Grundeigenschaften der ebenen Geometrie

Durch zwei verschiedene Punkte gibt es genau eine Gerade (Eindeutigkeit der Geraden).
Durch einen Punkt gibt es zu einer Geraden genau eine Parallele (d. i. eine Gerade, welche die andere Gerade nicht schneidet; Eindeutigkeit der Parallelen).

Der Abstand zweier zueinander paralleler Geraden ist überall gleich.

Durch einen Punkt gibt es zu einer Geraden genau ein Lot (Eindeutigkeit des Lots).

Die Summe zweier Dreiecksseiten ist stets größer als die dritte Dreiecksseite.

In jedem Dreieck liegt der größeren Seite der größere Winkel gegenüber und umgekehrt.

Beim Schnitt zweier Geraden gilt:

Nebenwinkel ergänzen sich zu 180°. Scheitelwinkel sind gleich groß.

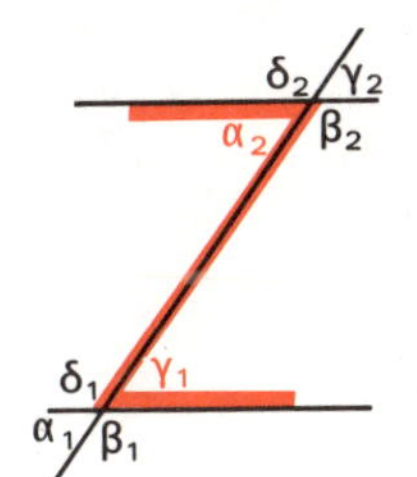

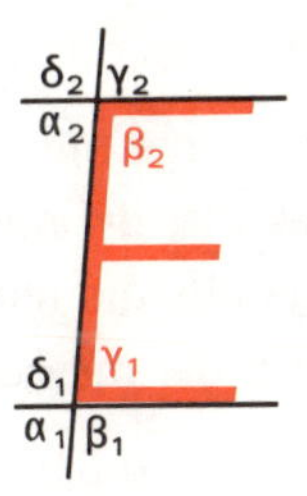

Schneidet eine Gerade ein Parallelenpaar, so gilt:

Z-Winkel-Eigenschaft: Z-Winkel sind gleich groß.

F-Winkel-Eigenschaft: F-Winkel sind gleich groß.

E-Winkel-Eigenschaft: E-Winkel ergänzen sich zu 180°.

Die Winkelsumme im Dreieck beträgt 180°.

Die Winkelsumme im Viereck beträgt 360°.

Achsenspiegelung

Der Punkt P wird durch Falten längs der Geraden a (Achse) in den Punkt P′ überführt. Dann gilt:

A1 P und P′ liegen auf verschiedenen Seiten von a oder fallen auf a zusammen.

A2 Die Gerade durch P und P′ ist senkrecht zu a ($P \notin a$).

A3 P und P′ haben von a denselben Abstand.

Wenn jedem Punkt der Ebene durch die Zuordnungsvorschriften A1 bis A3 ein Bildpunkt zugeordnet wird, dann nennt man diese Zuordnung *Achsenspiegelung* (Achsensymmetrie), entsprechende Punkte heißen *zueinander achsensymmetrisch*.

Eigenschaften der Achsenspiegelung:

Das Bild einer Geraden ist wieder eine Gerade (*Geradentreue*).
Das Bild einer Strecke ist eine gleich lange Strecke (*Längentreue*).
Das Bild eines Winkelfeldes ist ein gleich großes Winkelfeld (*Winkeltreue*).
Das Bild eines Kreises ist ein Kreis mit gleichem Radius.

Fixpunkte:

Ein Punkt, der mit seinem Bildpunkt zusammenfällt, heißt *Fixpunkt*.
Eine Gerade, die nur Fixpunkte enthält, heißt *Fixpunktgerade*.
Eine Gerade, die mit ihrer Bildgeraden zusammenfällt, heißt *Fixgerade*.
Ein Kreis, der mit seinem Bildkreis zusammenfällt, heißt *Fixkreis*.

Punktspiegelung

Bei einer Zweifachspiegelung an zwei zueinander senkrechten Achsen gilt:

P1 Die Verbindungsgeraden entsprechender Punkte schneiden sich in einem Punkt, dem Zentrum Z (Schnittpunkt der Achsen).

P2 Die Verbindungsstrecken entsprechender Punkte werden von Z halbiert.

Wird jedem Punkt der Ebene durch die Zuordnungsvorschriften P1 und P2 ein Bildpunkt zugeordnet, dann nennt man diese Zuordnung *Punktspiegelung*, entsprechende Punkte heißen *zueinander punktsymmetrisch*.

Eine Zweifachspiegelung an zueinander senkrechten Achsen kann durch eine Punktspiegelung ersetzt werden und umgekehrt.

Verschiebung

Eine Strecke, die vom Anfangspunkt P bis zum Endpunkt P' „durchlaufen" wird, heißt *Pfeil*.

Bei einer Zweifachspiegelung an zwei zueinander parallelen Achsen gilt:

V1 Die Verbindungspfeile entsprechender Punkte sind zueinander parallel.

V2 Die Verbindungspfeile entsprechender Punkte sind gleich lang.

V3 Die Verbindungspfeile entsprechender Punkte haben denselben Durchlaufsinn (sind gleichgerichtet).

Wird jedem Punkt der Ebene durch die Zuordnungsvorschriften V1, V2 und V3 ein Bildpunkt zugeordnet, so nennt man diese Zuordnung *Verschiebung* (*Translation*).

Eine Zweifachspiegelung an zueinander parallelen Achsen kann durch eine Verschiebung ersetzt werden und umgekehrt.

Drehung

Bei einer Zweifachspiegelung an zwei Achsen, die sich in einem Punkt D schneiden, gilt:
D1 Punkt P und Bildpunkt P'' liegen auf einem Kreis um D (Drehpunkt).
D2 Der Winkel ∢ PDP'' ist für alle Punkte P gleich groß.

Wird jedem Punkt der Ebene durch die Zuordnungsvorschriften D1 und D2 ein Bildpunkt zugeordnet, so nennt man diese Zuordnung *Drehung*.

Eine Zweifachspiegelung an sich schneidenden Achsen kann durch eine Drehung ersetzt werden und umgekehrt.

Schubspiegelung

Wird jedem Punkt der Ebene durch die Verkettung einer Verschiebung und einer Achsenspiegelung ein Bildpunkt zugeordnet, so nennt man diese Zuordnung *Schubspiegelung*, wenn der Verschiebungsvektor parallel zur Spiegelachse ist.

Jede Verkettung einer Verschiebung mit einer Achsenspiegelung (bzw. umgekehrt) läßt sich durch eine Schubspiegelung ersetzen.

Kongruenzabbildungen

Eine Abbildung, die geraden-, längen- und winkeltreu ist, heißt *Kongruenzabbildung*.

Wird durch eine Kongruenzabbildung einer Figur eine Bildfigur zugeordnet, so heißen Figur und Bildfigur zueinander *kongruent*.

Verkettungen von Achsenspiegelungen sind Kongruenzabbildungen, und alle Kongruenzabbildungen sind auch Verkettungen von Achsenspiegelungen.

Kongruenzsätze

SSS:

Dreiecke sind schon kongruent, wenn sie in entsprechenden Seiten übereinstimmen.

WSW und SWW:

Dreiecke sind schon kongruent, wenn sie in einer Seite und zwei Winkeln übereinstimmen.

SWS:

Dreiecke sind schon kongruent, wenn sie in zwei Seiten und ihrem Zwischenwinkel übereinstimmen.

SSW_{gr}:

Dreiecke sind schon kongruent, wenn sie in zwei Seiten und dem Gegenwinkel der größeren der beiden Seiten übereinstimmen.

Vektoren

Die Menge $\mathbb{V}$ aller zueinander parallelen Pfeile mit derselben Länge und derselben Richtung nennt man *Vektor*.
Jeder Pfeil dieser Menge heißt auch *Repräsentant dieses Vektors*.

Für den Vektor, der in entgegengesetzter Richtung wie $\overrightarrow{PP'} = \vec{p}$ verläuft, also von P′ nach P, schreibt man $\overrightarrow{P'P}$ oder $-\vec{p}$.
$\overrightarrow{P'P} = -\vec{p}$ heißt *Gegenvektor* von $\overrightarrow{PP'} = \vec{p}$.

Der Vektor, der keine Verschiebung bewirkt, heißt *Nullvektor*.

Vektoraddition

Abgeschlossenheit

Die Summe zweier Vektoren ist wieder ein Vektor.
$\vec{a}, \vec{b} \in \mathbb{V} \Rightarrow \vec{a} + \vec{b} \in \mathbb{V}$

Kommutativität

Bei der Vektoraddition darf die Reihenfolge der Vektoren vertauscht werden.
$\vec{a} + \vec{b} = \vec{b} + \vec{a}$

Assoziativität

Bei der Vektoraddition dürfen Klammern beliebig gesetzt bzw. weggelassen werden.
$(\vec{a} + \vec{b}) + \vec{c} = \vec{a} + (\vec{b} + \vec{c})$

Neutrales Element

Addiert man den Nullvektor zu einem Vektor, erhält man wieder denselben Vektor.
$\vec{a} + \vec{o} = \vec{a}$

Inverses Element

Zu jedem Vektor gibt es genau einen Gegenvektor. Addiert man zu einem Vektor seinen Gegenvektor, so erhält man den Nullvektor.

$\vec{a} + (-\vec{a}) = \vec{o}$

S-Multiplikation

Unter $\lambda \cdot \vec{a}$ versteht man den Vektor, der die $|\lambda|$-fache Länge von $\vec{a}$ hat und dessen Richtung

- bei positivem λ mit der Richtung von $\vec{a}$,
- bei negativem λ mit der Gegenrichtung von $\vec{a}$ übereinstimmt.

Für $\lambda = 0$ gilt: $0 \cdot \vec{a} = \vec{o}$ (*Nullvektor*)

Assoziativgesetz

$\lambda \cdot (\mu \cdot \vec{a}) = (\lambda \cdot \mu) \cdot \vec{a}$ mit $\lambda, \mu \in \mathbb{R}$; $\vec{a} \in \mathbb{V}$

Die beiden Distributivgesetze

$\lambda \cdot \vec{a} + \lambda \cdot \vec{b} = \lambda \cdot (\vec{a} + \vec{b})$ mit $\lambda \in \mathbb{R}$; $\vec{a}, \vec{b} \in \mathbb{V}$

$\lambda \cdot \vec{a} + \mu \cdot \vec{a} = (\lambda + \mu) \cdot \vec{a}$ mit $\lambda, \mu \in \mathbb{R}$; $\vec{a} \in \mathbb{V}$

Spaltenschreibweise

$\vec{a} = \begin{pmatrix} a_x \\ a_y \end{pmatrix}$ Diese Darstellung heißt *Spaltenschreibweise*.
Die beiden Zahlen a_x und a_y heißen wie bei Punkten *Koordinaten*.

Addition

$$\begin{pmatrix} a_x \\ a_y \end{pmatrix} + \begin{pmatrix} b_x \\ b_y \end{pmatrix} = \begin{pmatrix} a_x + b_x \\ a_y + b_y \end{pmatrix}$$

S-Multiplikation

$$\lambda \cdot \begin{pmatrix} a_x \\ a_y \end{pmatrix} = \begin{pmatrix} \lambda a_x \\ \lambda a_y \end{pmatrix}$$

Zentrische Streckung – Strahlensatz

Wählt man einen festen Punkt Z in der Zeichenebene, ein festes $\lambda \in \mathbb{Q}$ und als Zuordnungsvorschrift zwischen zwei Punkten der Zeichenebene die Vektorgleichung

Z $\overline{ZA'} = \lambda \cdot \overline{ZA}$,

so wird jedem Punkt A ein Bildpunkt A' zugeordnet. Diese Zuordnung heißt *zentrische Streckung*. Z heißt *Zentrum*, λ *Streckungsfaktor*.

Daraus folgt:

Z1 Die drei Punkte Z, A und A′ liegen auf einer Geraden.

Z2 $\overline{ZA'} = |\lambda| \cdot \overline{ZA}$ oder $\dfrac{\overline{ZA'}}{\overline{ZA}} = |\lambda|$

Eigenschaften der zentrischen Streckung

Bei einer zentrischen Streckung wird eine Gerade auf eine zu g parallele Gerade g′ abgebildet. (Geradentreue)

Bei einer zentrischen Streckung gilt für jede Strecke [PQ] und ihre Bildstrecke [P′Q′]:

$$\frac{\overline{P'Q'}}{\overline{PQ}} = |\lambda|$$

Für jeden Winkel α und seinen Bildwinkel α' gilt: $\alpha = \alpha'$ (*Winkeltreue*)

Für jedes Streckenverhältnis $a:b$ und das Verhältnis der Bildstrecken $a':b'$ gilt: $a:b = a':b'$ (*Verhältnistreue*)

Für das Verhältnis des Flächeninhalts A einer Figur zum Flächeninhalt A′ der Bildfigur gilt: $A':A = \lambda^2$

Das Zentrum ist der einzige Fixpunkt. $(\lambda \neq 1)$
Alle Geraden durch das Zentrum sind Fixgeraden.

Strahlensatz

Wird eine Geradenkreuzung von parallelen Geraden geschnitten, so verhalten sich

a) zwei Strecken auf einer Kreuzungsgeraden wie die entsprechenden Strecken auf der anderen Kreuzungsgeraden.
b) zwei Parallelstrecken wie die Entfernungen entsprechender Endpunkte dieser Parallelstrecken vom Kreuzungspunkt (Zentrum).

Ähnlichkeitsabbildung

Die Hintereinanderausführung einer zentrischen Streckung und einer Kongruenzabbildung heißt *Ähnlichkeitsabbildung*.

Zwei Figuren F und F′, die durch eine Ähnlichkeitsabbildung ineinander übergeführt werden können, heißen *zueinander ähnlich*.

Ähnlichkeitssätze

Zwei Dreiecke sind bereits ähnlich, wenn sie in zwei Winkeln übereinstimmen.

Zwei Dreiecke sind bereits ähnlich, wenn sie im Verhältnis entsprechender Seiten übereinstimmen.

Zwei Dreiecke sind bereits ähnlich, wenn sie im Verhältnis zweier Seiten und dem Zwischenwinkel übereinstimmen.

Zwei Dreiecke sind bereits ähnlich, wenn sie im Verhältnis zweier Seiten und dem Gegenwinkel der größeren Seite übereinstimmen.

Satzgruppe des Pythagoras

In rechtwinkligen Dreiecken gilt:

Die Summe der Inhalte der Kathetenquadrate ist gleich dem Inhalt des Hypotenusenquadrates.

$a^2 + b^2 = c^2$ Satz des Pythagoras

Höhensatz

Der Flächeninhalt des Quadrates über der Höhe ist gleich dem Flächeninhalt des Rechteckes aus den beiden Hypotenusenabschnitten.

$h^2 = p \cdot q$

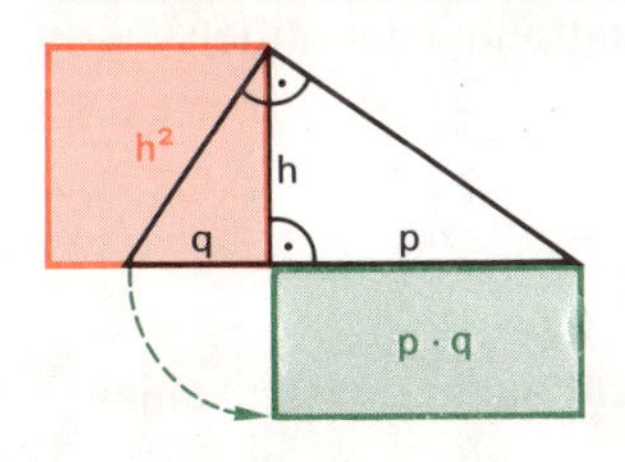

Kathetensatz

Der Flächeninhalt des Quadrates über einer Kathete ist gleich dem Flächeninhalt des Rechteckes aus der Hypotenuse und dem anliegenden Hypotenusenabschnitt.

$b^2 = c \cdot q$

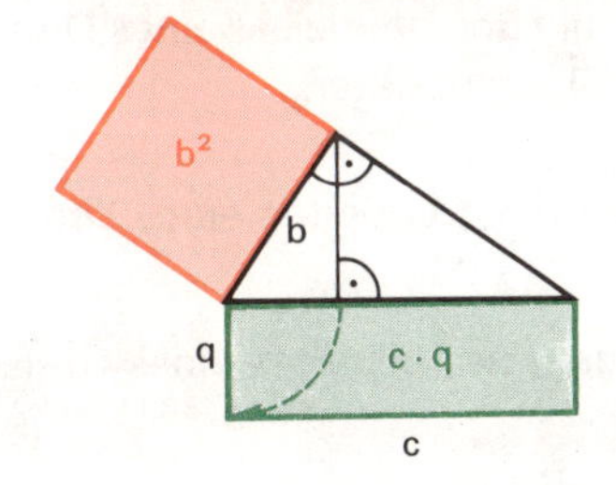

Besondere Punktmengen (Ortslinien)

Der Kreis k ist die Menge aller Punkte P, die von einem Punkt M (Mittelpunkt) die gleiche Entfernung r (Radius) haben.

Die Menge aller Punkte, die von zwei gegebenen Punkten A und B gleich weit entfernt sind, ist die Mittelsenkrechte zu [AB].

Die Menge aller Punkte, die von zwei zueinander parallelen Geraden gleichen Abstand haben, ist die Mittelparallele der beiden Geraden.

Die Menge aller Punkte, die von einer gegebenen Geraden g denselben Abstand d haben, ist das Parallelenpaar zu g im Abstand d.

Die Menge aller Punkte, die von zwei sich schneidenden Geraden gleichen Abstand haben, ist das Paar der Winkelhalbierenden.

Die Menge aller Punkte, von denen aus eine gegebene Strecke unter einem 90°-Winkel erscheint, ist der Kreis mit der gegebenen Strecke als Durchmesser (Thaleskreis).

Die Menge aller Punkte, von denen aus eine gegebene Strecke unter einem gegebenen Winkel erscheint, bildet das Kreisbogenpaar über der gegebenen Strecke mit dem gegebenen Winkel als Umfangswinkel (*Faßkreisbogenpaar*).

Teilen die Punkte C und D die Strecke [AB] harmonisch im Verhältnis m:n, so nennt man den Kreis mit dem Durchmesser [CD] *Kreis des Apollonius von [AB]*.
Die Menge aller Punkte, die von zwei gegebenen Punkten A und B ein festes Entfernungsverhältnis m:n haben, bilden den Kreis des Apollonius von [AB].

Besondere Punkte und Linien im Dreieck und Viereck

Der Kreis, auf dem die drei Eckpunkte eines Dreiecks liegen, heißt *Umkreis*.

Der Mittelpunkt des Umkreises eines Dreiecks ist der Schnittpunkt der Mittelsenkrechten der Dreiecksseiten.

Der Kreis, der die drei Seiten eines Dreiecks berührt, heißt *Inkreis*.

Der Mittelpunkt des Inkreises eines Dreiecks ist der Schnittpunkt der Winkelhalbierenden.

Die Verbindungsstrecke einer Dreiecksecke mit dem Mittelpunkt der gegenüberliegenden Seite heißt *Seitenhalbierende* (Schwerlinie).
Der Schnittpunkt der Seitenhalbierenden heißt *Schwerpunkt*.

Die Seitenhalbierenden (Schwerlinien) eines Dreiecks teilen sich gegenseitig im Verhältnis 1:2.

Die beiden Winkelhalbierenden eines Dreieckswinkels, und nur diese, teilen die Gegenseite harmonisch im Verhältnis der anliegenden Seiten.

Die Mittelparallele zu einer Dreiecksseite halbiert die beiden anderen Seiten und ist halb so lang wie die zu ihr parallele Dreiecksseite.

Die Mittelparallele im Trapez halbiert die beiden Schenkel des Trapezes und ist halb so lang wie die Summe der beiden Grundlinien.

Besondere Dreiecke

Ein Dreieck mit einem rechten Winkel heißt *rechtwinklig*.
Die Schenkel des rechten Winkels heißen *Katheten*, die dem rechten Winkel gegenüberliegende Seite heißt *Hypotenuse*.

Ein Dreieck mit zwei gleich langen Seiten heißt *gleichschenklig*.
Die gleich langen Seiten heißen *Schenkel*, die dritte Seite *Basis*. Die beiden Winkel, die an der Basis liegen, heißen *Basiswinkel*.

Das gleichschenklige Dreieck ist eine achsensymmetrische (in sich symmetrische) Figur.
Die Symmetrieachse halbiert den Winkel an der Spitze (Winkelhalbierende).
Die Symmetrieachse steht auf der Basis senkrecht (Höhe) und halbiert die Basis (Mittelsenkrechte, Seitenhalbierende).
Die Basiswinkel sind gleich groß.

Ein Dreieck mit drei gleich langen Seiten heißt *gleichseitig*.

Das gleichseitige Dreieck hat drei Symmetrieachsen. Auf ihnen liegen gleichzeitig die Höhen, Mittelsenkrechten, Seitenhalbierenden und Winkelhalbierenden.
Die drei Winkel sind gleich groß (60°).

Besondere Vierecke

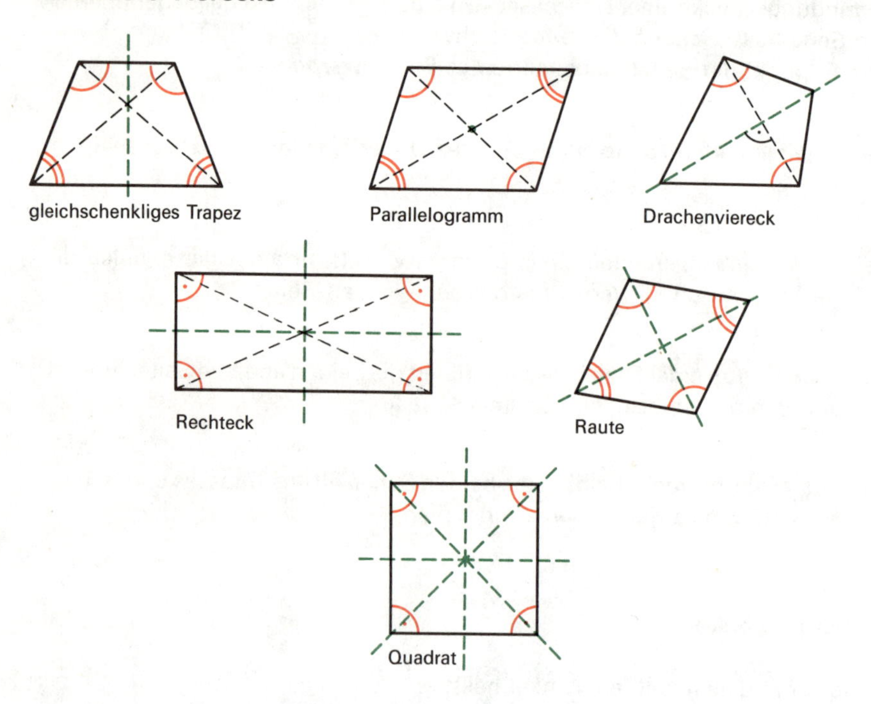

Ein Viereck, in dem zwei Seiten zueinander parallel und die beiden nichtparallelen Seiten gleich lang sind, heißt *gleichschenkliges Trapez*.

Das gleichschenklige Trapez hat eine Symmetrieachse. Die Winkel an den Parallelen sind jeweils gleich groß. Die Winkel an den Schenkeln ergänzen sich zu 180°. Die Diagonalen sind gleich lang.

Ein Viereck, in dem die gegenüberliegenden Seiten jeweils zueinander parallel sind, heißt *Parallelogramm*.

Das Parallelogramm ist punktsymmetrisch. Der Schnittpunkt der Diagonalen ist das Zentrum. Die gegenüberliegenden Seiten sind gleich lang. Die gegenüberliegenden Winkel sind gleich groß, die benachbarten Winkel ergänzen sich zu 180°. Die Diagonalen halbieren sich gegenseitig.

Ein Viereck, in dem eine Diagonale Symmetrieachse ist, heißt *Drachenviereck*.

Im Drachenviereck gilt:
Die Seiten, deren Schnittpunkt auf der Achse liegt, sind gleich lang. Zwei Winkel werden von der Symmetrieachse halbiert, die beiden anderen Winkel sind gleich groß. Die eine Diagonale (Symmetrieachse) steht auf der anderen senkrecht und halbiert sie.

Ein Viereck mit vier gleich langen Seiten heißt *Raute*.

Die Raute hat alle Eigenschaften des Parallelogramms.
Zusätzlich gilt: Die beiden Diagonalen sind Symmetrieachsen. Benachbarte Seiten sind gleich lang. Die Diagonalen stehen aufeinander senkrecht und halbieren die Winkel.

Das Rechteck hat alle Eigenschaften des Parallelogramms.
Zusätzlich gilt: Die Mittelsenkrechten sind Symmetrieachsen. Alle Winkel sind rechte Winkel (90°). Die Diagonalen sind gleich lang.

Das Quadrat hat alle Eigenschaften von Raute und Rechteck.

Geraden und Winkel am Kreis

Eine Gerade, die mit einem Kreis
- zwei Punkte gemeinsam hat, heißt *Sekante*;
- einen Punkt gemeinsam hat, heißt *Tangente*;
- keinen Punkt gemeinsam hat, heißt *Passante*.

Die Tangente steht im Berührpunkt auf ihrem Berührradius senkrecht.

Umfangswinkel und Sehnentangentenwinkel auf verschiedenen Seiten derselben Sehne sind gleich groß.

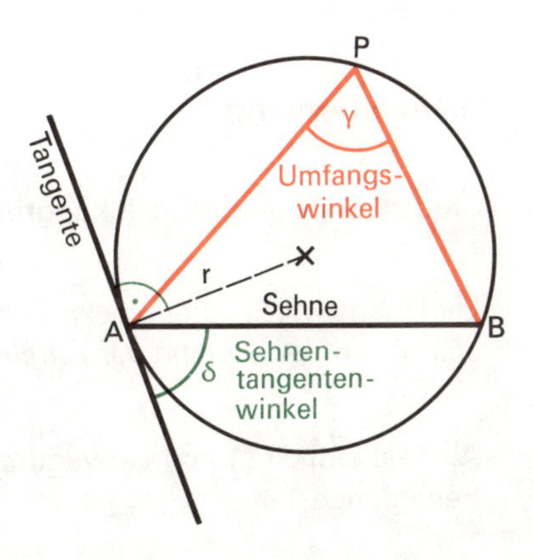

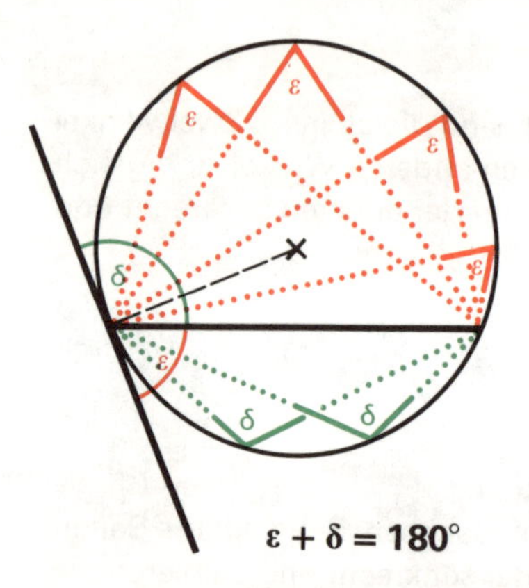

Umfangswinkel auf derselben Seite einer Sehne sind gleich groß.

Umfangswinkel auf verschiedenen Seiten einer Sehne ergänzen sich zu 180°.

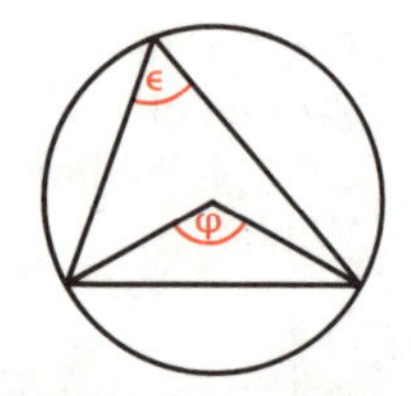

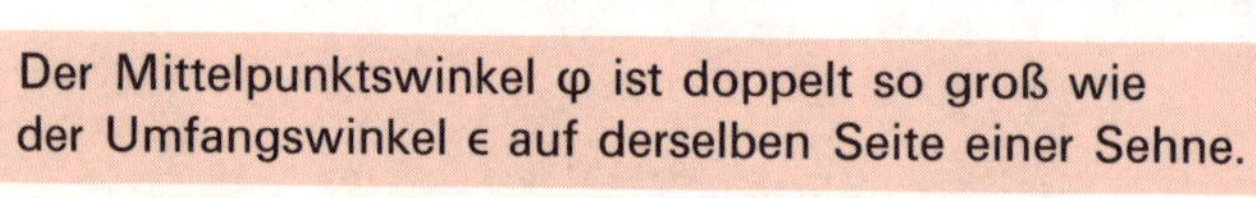

Der Mittelpunktswinkel φ ist doppelt so groß wie der Umfangswinkel ϵ auf derselben Seite einer Sehne.

Wenn zwei Sekanten durch einen Punkt P außerhalb des Kreises den Kreis in A und B bzw. in C und D schneiden, dann gilt:

$\overline{PA} \cdot \overline{PB} = \overline{PC} \cdot \overline{PD}$ (*Sekantensatz*)

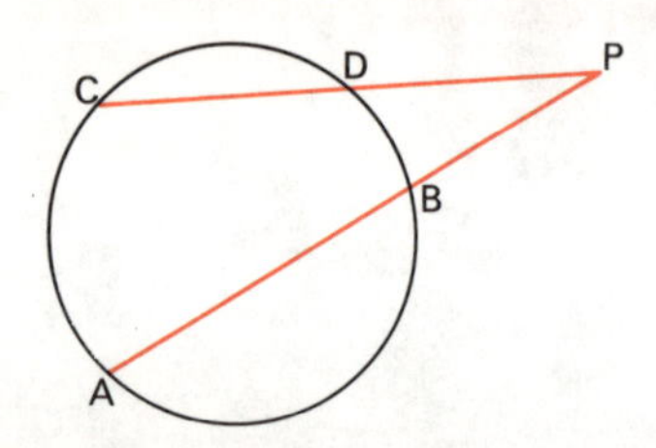

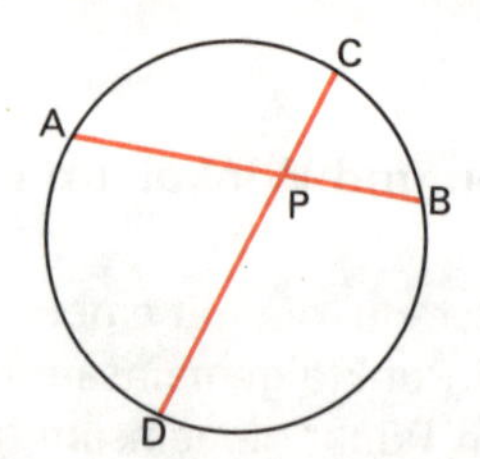

Schneiden sich zwei Sehnen [AB] und [CD] eines Kreises in einem Punkt P, so gilt:

$\overline{PA} \cdot \overline{PB} = \overline{PC} \cdot \overline{PD}$ (*Sehnensatz*)

Flächenmessung

Sind zwei Flächenstücke kongruent, so haben sie *gleichen Flächeninhalt*.

Legt man zwei Flächenstücke zu einem zusammen, so ist der *Inhalt der Gesamtfläche* gleich der *Summe der Inhalte der Teilflächen*.

Als Maßeinheit (1 m²) verwendet man den Flächeninhalt eines Quadrates mit der Seitenlänge 1 m.

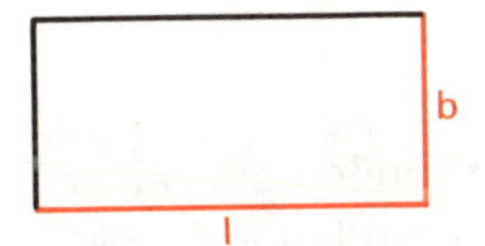

$A_{Rechteck} = l \cdot b$

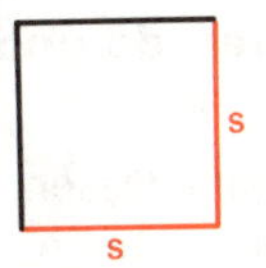

$A_{Quadrat} = s^2$

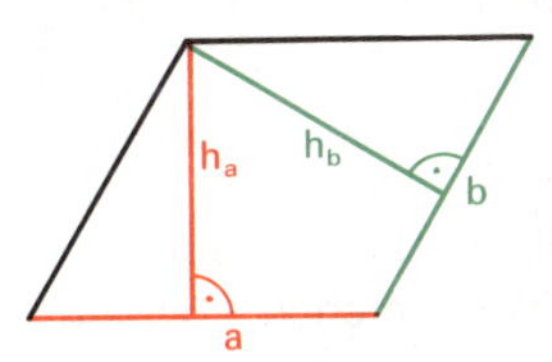

$A_{Parallelogramm} = g \cdot h$
$= a \cdot h_a = b \cdot h_b$

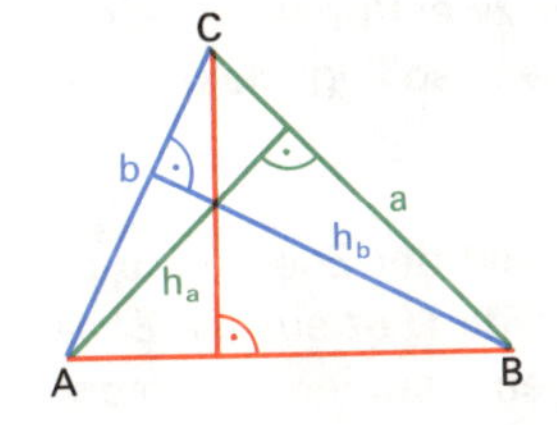

$A_{Dreieck} = \frac{1}{2} g \cdot h$
$= \frac{1}{2} a \cdot h_a = \frac{1}{2} b \cdot h_b = \frac{1}{2} c \cdot h_c$

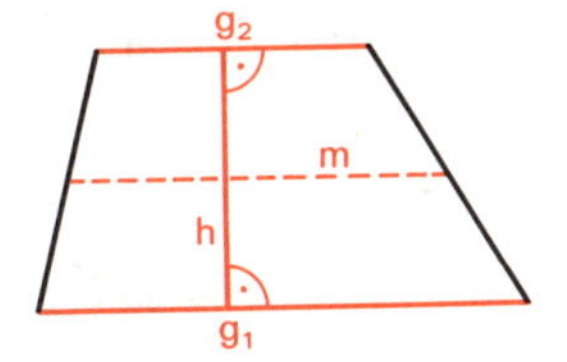

$A_{Trapez} = m \cdot h$
$= \frac{1}{2}(g_1 + g_2) \cdot h$

Gerade und Ebene im Raum

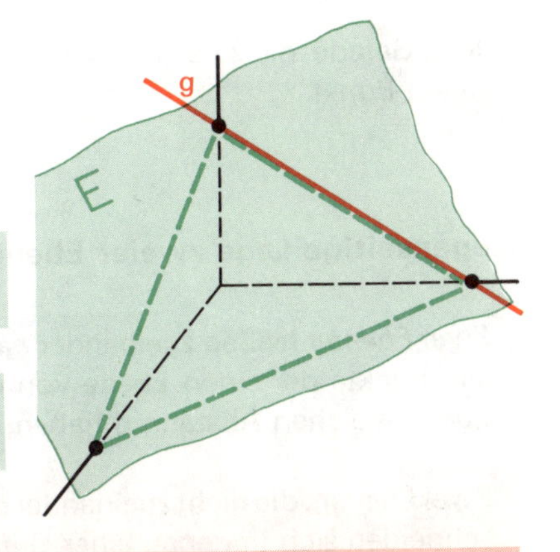

Durch zwei Punkte ist genau eine Gerade festgelegt.

Durch drei Punkte, die nicht auf einer Geraden liegen, ist genau eine Ebene festgelegt.

Eine Ebene ist eindeutig festgelegt
a) durch eine Gerade und einen Punkt, der nicht auf dieser Geraden liegt;
b) durch zwei zueinander parallele Geraden;
c) durch zwei sich schneidende Geraden.

Gegenseitige Lage von Gerade und Ebene im Raum

Durch einen Punkt einer Ebene lassen sich beliebig viele Geraden zeichnen, die ganz in dieser Ebene liegen.

Hat eine Gerade zwei Punkte mit einer Ebene gemeinsam, so liegt sie ganz in dieser Ebene.

Durch jeden Punkt der Ebene gibt es genau eine Gerade (*Lot* auf die *Ebene*), die auf allen Geraden senkrecht steht, welche in dieser Ebene liegen und durch den Punkt (Fußpunkt) gehen.

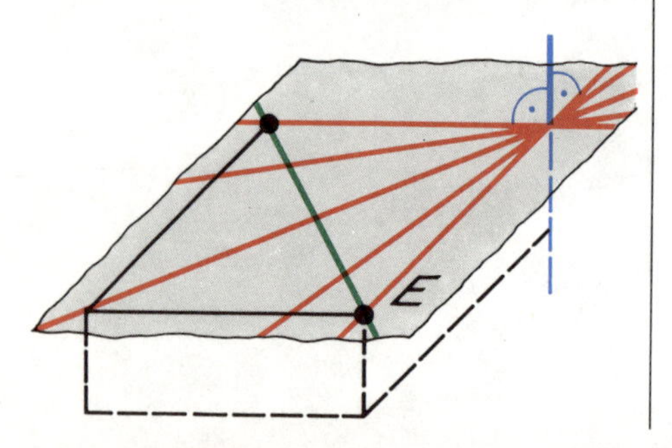

Von einem Punkt außerhalb einer Ebene gibt es genau ein Lot auf diese Ebene.

Unter dem *Abstand* eines Punktes von einer Ebene versteht man die Länge des Lotes.

Eine *Gerade* heißt *parallel* zu einer *Ebene*, wenn alle Punkte der Geraden von der Ebene den gleichen Abstand haben.

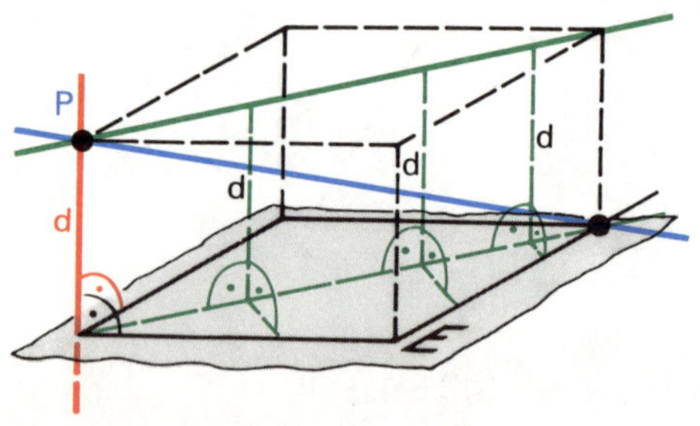

Jede Gerade, die zu einer Ebene nicht parallel ist, schneidet diese Ebene in genau einem Punkt.

Gegenseitige Lage zweier Ebenen im Raum

Zwei Ebenen heißen zueinander *parallel*, wenn alle Punkte der einen Ebene von der anderen Ebene gleichen Abstand d haben.

Zwei Ebenen, die nicht zueinander parallel sind, schneiden sich in genau einer Geraden.

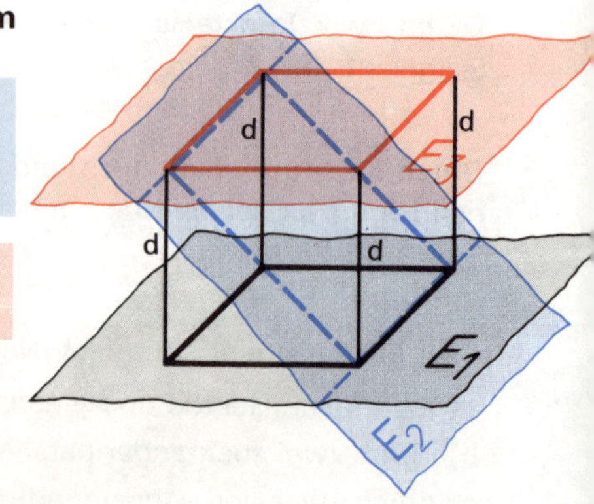

Der Winkel $\varphi = \sphericalangle P'SP$ heißt *Neigungswinkel* der Geraden g gegen die Ebene E.

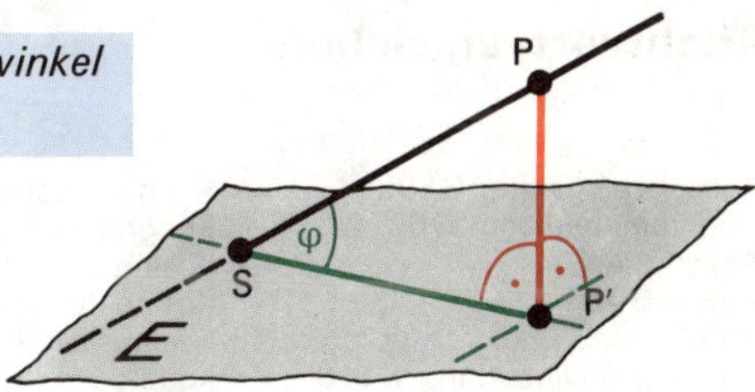

Oberfläche und Volumen

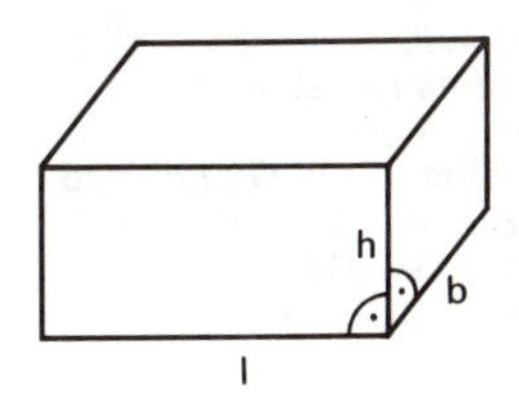

Quader

$$O_{Quader} = 2 \cdot lb + 2 \cdot lh + 2 \cdot bh$$
$$V_{Quader} = l \cdot b \cdot h$$

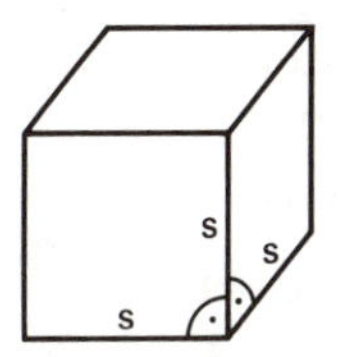

Würfel

$$O_{Würfel} = 6\,s^2$$
$$V_{Würfel} = s \cdot s \cdot s = s^3$$

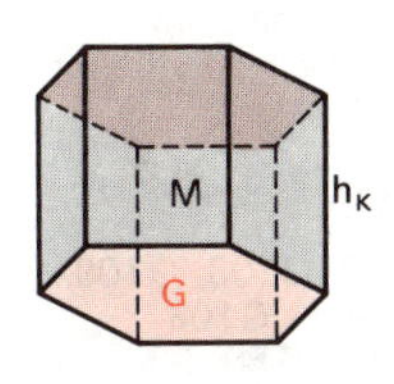

Prisma

$$M_{Prisma} = u_G \cdot h_K$$
$$O_{Prisma} = 2 \cdot G + M$$
$$V_{Prisma} = G \cdot h_K$$

Das Volumen des Gesamtkörpers ist gleich der Summe der Volumen der Teilkörper.

Sind alle Seitenkanten einer Pyramide gleich lang, dann heißt die Pyramide *gerade*.

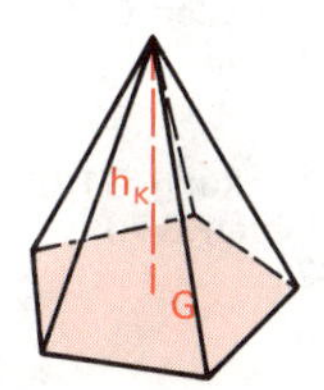

Pyramide

$$V_{Pyramide} = \frac{1}{3} G \cdot h_K$$

Stichwortverzeichnis

Bildnachweis: G9: Landesverkehrsamt für Südtirol, Bozen – G11: Baader Planetarium KG, München (B. Winterburn) – G94: Baader Planetarium KG, München (Dennis di Cicco) – G95: Silvestris Fotoservice, Kastl/Obb.